绿色低碳建造与建筑业高质量发展探索与实施丛书

丛书主编　陈浩

绿色建造全过程量化实施指南

彭琳娜　主编

中国建筑工业出版社

图书在版编目（CIP）数据

绿色建造全过程量化实施指南 / 彭琳娜主编. — 北京：中国建筑工业出版社，2023.1
（绿色低碳建造与建筑业高质量发展探索与实施丛书/陈浩主编）
ISBN 978-7-112-28270-8

Ⅰ. ①绿… Ⅱ. ①彭… Ⅲ. ①生态建筑-建筑工程-指南 Ⅳ. ①TU-023

中国版本图书馆 CIP 数据核字（2022）第 240538 号

本书从理论研究到工程实践全面展开，将在绿色建造试点工作进行中摸索的宝贵经验进行总结，从绿色建造发展现状与问题入手，以“绿色策划、绿色设计、绿色施工、绿色交付”四个阶段为主线，分别从“概况、原则、策划、内容、要求、问题”六个维度进行分析，旨在总结提炼绿色建造各阶段实施重点。全书共分为 6 章，分别为：概述；绿色策划；绿色设计；绿色施工；绿色交付；案例。

本书适合绿色建造相关领域的从业人员、管理人员阅读。

责任编辑：边　琨
责任校对：张辰双

绿色低碳建造与建筑业高质量发展探索与实施丛书
丛书主编　陈浩
绿色建造全过程量化实施指南
彭琳娜　主编
*
中国建筑工业出版社出版、发行（北京海淀三里河路 9 号）
各地新华书店、建筑书店经销
北京鸿文瀚海文化传媒有限公司制版
建工社（河北）印刷有限公司印刷
*
开本：787 毫米×1092 毫米　1/16　印张：13　字数：302 千字
2023 年 5 月第一版　2023 年 5 月第一次印刷
定价：**38.00** 元
ISBN 978-7-112-28270-8
（40198）
版权所有　翻印必究
如有印装质量问题，可寄本社图书出版中心退换
（邮政编码　100037）

丛书编委会

丛 书 主 编： 陈　浩

丛书副主编： 蔡　长　张明亮　彭琳娜　周湘华　石　拓　刘建龙

丛 书 编 委（按姓氏笔画排名）：

王　为　王其良　成立强　阳　凡　李　龙　肖志宏
肖杰才　张倚天　聂涛涛　唐杰林　焦节玉　樊明雪
潘嫣然

主 编 单 位： 湖南建设投资集团有限责任公司

参 编 单 位： 湖南省建筑科学研究院有限责任公司
中湘智能建造有限公司
湖南工业大学
湖南省绿色建筑产学研结合创新平台
湖南省低碳建筑产学研结合创新平台
湖南省建筑施工技术研究所

本书编委会

本 书 主 编： 彭琳娜

本书副主编： 张明亮　肖志宏

本 书 编 委（按姓氏笔画排名）：

王柏俊　毛永乐　邓利斌　成立强　成　瑾　刘建龙

闫艳红　阳　凡　李　芳　杨彩芸　肖志高　肖杰才

肖建华　吴邦本　张　杰　张倚天　钟凌宇　聂涛涛

晏益力　卿　科　曹　婷　康　欣　焦节玉　蔡　敏

本书主编单位： 湖南建设投资集团有限责任公司

本书参编单位： 湖南绿碳建筑科技有限公司

湖南工业大学

长沙理工大学

湖南省工业设备安装有限公司

长沙市万科企业有限公司

湖南省绿色建筑产学研结合创新平台

湖南省低碳建筑产学研结合创新平台

湘潭市规划建筑设计院有限责任公司

湖南省建筑施工技术研究所

丛书序

当今世界正面临“百年未有之大变局”，随着社会生产力的提高和国家碳达峰碳中和“双碳”目标的提出，作为国民经济支柱产业的建筑业既承受着压力也面临着机遇。

在全社会将绿色低碳作为发展主流的今天，建筑业该如何深入贯彻生态文明思想，立足新发展阶段，完整、准确、全面贯彻新发展理念，构建新发展格局；该如何坚持生态优先、节约优先、保护优先，实现人、建筑与自然的和谐共生；该如何把握住“双碳”目标带来的重大机遇，顺利完成传统建筑业的转型升级，是摆在所有建筑从业者面前的问题。

纵观大势，随着社会生产力的提高，中国建筑业的生产方式不断进步。尤其是在全球气候变化的大背景下，在当前乃至今后很长时间内，绿色低碳建造都将成为主要共识。而随着我国社会主要矛盾转变为人民日益增长的美好生活需要和不平衡不充分的发展之间的矛盾，人民对与之休戚与共的建筑有了更高的要求，建筑业高质量发展呼声越来越高。

本丛书借助湖南省在全国率先开展绿色建造试点的契机，从绿色建造、低碳建造、数字化经济以及智能建造四个维度认真总结探索与实施过程中的点滴经验，只为给同行提供参考。摸索过程中，难免有错漏，恳请广大读者批评指正！

丛书主编：

2022.12 于长沙

丛书前言

2020年12月，住房和城乡建设部办公厅印发了《关于开展绿色建造试点工作的函》（建办质函〔2020〕677号），决定在"湖南省、广东省深圳市、江苏省常州市开展绿色建造试点工作"，从此在全国开启了绿色建造探索与实施工作。2021年10月，中共中央办公厅、国务院办公厅印发了《关于推动城乡建设绿色发展的意见》，为转变城乡建设发展方式，提出了"实现工程建设全过程绿色建造"的具体要求。建筑业作为国民经济支柱产业，对我国社会经济发展、城乡建设和民生改善做出了重要贡献。但是，与发达国家先进水平相比，建筑业仍然大而不强，技术系统集成水平低、工程建设组织方式落后、企业核心竞争力不强、工人技能素质偏低等问题较为突出。尤其在全球气候变化的大背景下，国家提出碳达峰碳中和"3060"目标，中央层面制定印发意见，对碳达峰碳中和进行系统谋划和总体部署，2022年7月，住房和城乡建设部、国家发展改革委联合印发《城乡建设领域碳达峰实施方案》（建标〔2022〕53号）对2030年前碳达峰目标提出具体实施举措，可以预见，当前乃至今后很长时间内，全社会绿色低碳发展将成为主要共识，于建筑业而言，要牢牢把握"绿色低碳"重大机遇，以绿色建造、低碳建造、智能建造、数字化经济为主要内容，助推建筑业转型升级的同时，实现建筑业碳达峰碳中和。

本丛书从绿色建造、低碳建造、数字化经济、智能建造四个维度进行编撰，每个维度下按科研、工程、技术分为三个辑；辑下再根据具体内容分册进行编写，丛书架构如下：

类	辑	册
绿色建造	科研、工程、技术	……
低碳建造	科研、工程、技术	……
数字化经济	科研、工程、技术	……
智能建造	科研、工程、技术	……

丛书由湖南建设投资集团有限责任公司组织编写，集团党委委员、副总经理陈浩担任丛书主编，主要从绿色建造、低碳建造、数字化经济以及智能建造这四个均处于探索发展阶段的建筑业新生事物的理论研究与实践探索入手，剖析行业践行绿色低碳建造，促进高

质量发展的基础和问题，研究提出“双碳”目标下绿色建造、低碳建造、数字化经济以及智能建造新的技术体系和实施路径，最终汇编形成本丛书。丛书属于开放性丛书，不约定具体的册数，根据发展不断补充完善。

绿色低碳建造尚处于试点阶段，本丛书的编辑出版得到了行业各位专家同仁的大力支持，在此表示衷心的感谢！时间仓促，水平有限，书中难免出现一些疏漏，诚邀广大读者批评指正，并提供宝贵意见。

前言

绿色建造是指按照绿色发展的要求，通过科学管理和技术创新，采用有利于节约资源、保护环境、减少排放、提高效率、保障品质的建造方式，实现人与自然和谐共生的工程建造活动。它包含“绿色策划、绿色设计、绿色施工、绿色交付”四个阶段，以“绿色化、工业化、信息化、集约化、产业化”为主要特征。与传统建筑建造将设计、施工、运维等阶段割裂开独立运行不同，绿色建造要求采用工程总承包和全过程咨询等集约化管理模式，统筹建筑策划、设计、施工与交付全过程，涉及发展理念、生产方式、生活方式等各方面的深刻变革，推广绿色建造必须摒弃传统粗放的老路，以新发展理念为指引，通过转型升级推动形成新型建造方式。绿色建造改变低成本要素投入、高生态环境代价的发展模式，把发展的基点放到高质量上来，培育和推广与绿色发展相适应的新型建造方式，实现建筑业的转型发展和生态环境保护的“双赢”。

本书从绿色建造发展现状与问题入手，以“绿色策划、绿色设计、绿色施工、绿色交付”四个阶段为主线，分别从“概况、原则、策划、内容、要求、问题”六个维度进行分析，旨在总结提炼绿色建造各阶段实施重点。本书以湖南省作为全国第一批也是唯一以省为单位的绿色建造试点地区为契机，集湖南省十余个绿色建造试点项目和湖南建设投资集团有限责任公司几十个绿色建造试点项目的实施经验为基础，结合湖南建设投资集团有限责任公司及编制团队相关单位在绿色建筑、绿色施工、绿色建材、装配式建筑、BIM技术应用等方面的基础，共同编制完成，可为具体项目的绿色建造实施提供参考。由于作者水平有限，本书在编写中存在的缺点和不足在所难免，请读者多提宝贵意见。

本书编写过程中得到住房和城乡建设部科技示范项目湖南创意设计总部大厦项目（绿色建造）（课题编号 2020-S-036）和湖南创意设计总部大厦装配式绿色建筑示范项目（课题编号 2020-S-058）的大力支持，是上述课题的研究成果之一。

目 录

第1章 概　述

1.1 定义

1.1.1 绿色建造定义

根据 2021 年 3 月 16 日住房和城乡建设部办公厅发布的《绿色建造技术导则（试行）》（建办质〔2021〕9 号），绿色建造是指按照绿色发展的要求，通过科学管理和技术创新，采用有利于节约资源、保护环境、减少排放、提高效率、保障品质的建造方式，实现人与自然和谐共生的工程建造活动，如图 1-1 所示。

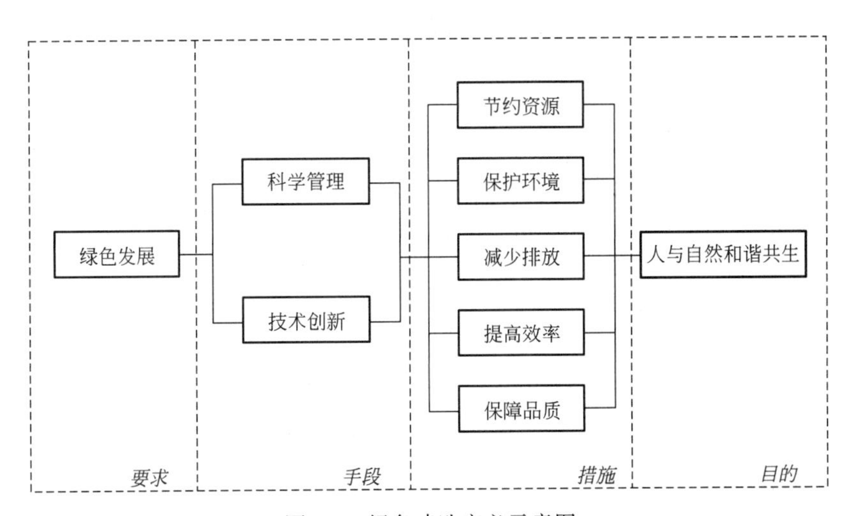

图 1-1　绿色建造定义示意图

绿色建造是以建造绿色建筑为目标的包含绿色策划、绿色设计、绿色施工和绿色交付全过程的建造活动，如图 1-2 所示。

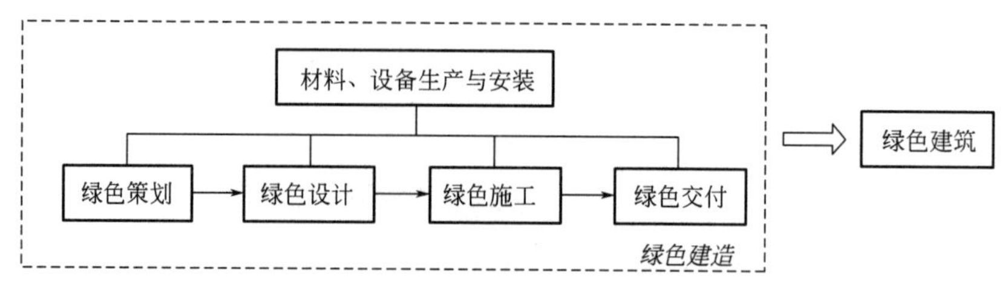

图 1-2　绿色建造定义示意图

1.1.2　相关术语定义

（1）绿色策划：因地制宜对建造全过程、全要素进行统筹，科学确定绿色建造目标及实施路径的工程策划活动。

（2）绿色设计：贯彻绿色建造理念，落实绿色策划目标的工程设计活动。

（3）绿色施工：在保证工程质量、施工安全等基本要求的前提下，以人为本，因地制宜，通过科学管理和技术进步，最大限度地节约资源，减少对环境负面影响的施工及生产活动。

（4）绿色交付：在综合效能调适、绿色建造效果评估的基础上，制定交付策略、交付标准、交付方案，采用实体与数字化同步交付的方式，进行工程移交和验收的活动。

1.2　绿色建造特征

绿色建造以绿色化、工业化、信息化、集约化和产业化为总体特征，如图 1-3 所示。

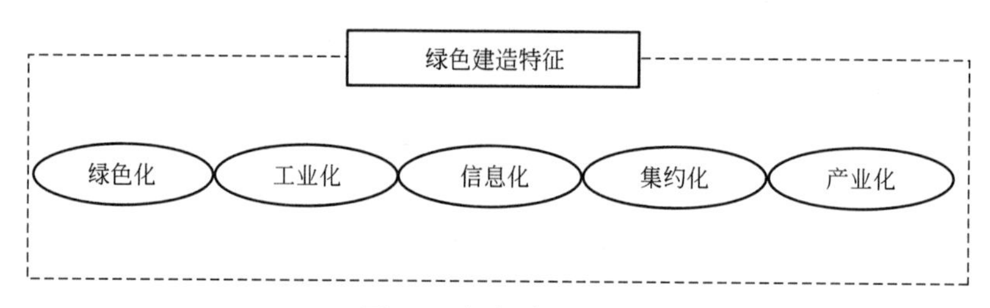

图 1-3　绿色建造特征

（1）绿色化：绿色建造应全面体现绿色要求，有效降低建造全过程对资源的消耗和对生态环境的影响，减少碳排放，整体提升建造活动绿色化水平。

（2）工业化：绿色建造宜采用系统化集成设计、精益化生产施工、一体化装修的方式，加强新技术推广应用，整体提升建造方式工业化水平。

（3）信息化：绿色建造宜结合实际需求，有效采用建筑信息模型（Building Information Modeling，BIM）、物联网、大数据、云计算、移动通信、区块链、人工智能、机器人等相关技术，整体提升建造手段信息化水平。

（4）集约化：绿色建造宜采用工程总承包、全过程咨询等组织管理方式，促进设计、生产、施工深度协同，整体提升建造管理集约化水平。

（5）产业化：绿色建造宜加强设计、生产、施工、运营全产业链上下游企业间的沟通合作，强化专业分工和社会协作，优化资源配置，构建绿色建造产业链，整体提升建造过程产业化水平。

1.3　我国绿色建造发展现状

我国绿色建造起步较晚，出台了相应的法律、法规，颁布了一系列绿色建筑、绿色施工相关政策、标准，为全面推进绿色建造打下了良好基础。政府把绿色生态工作作为重点任务来抓，绝大多数把绿色生态相应纳入城市的发展规划中，呈现出良好的态势。但目前我国绿色建造的政策标准的完善性、技术体系的先进性等方面还有很大的提升空间。

1.3.1　绿色建造相关政策逐步出台

我国绿色建造相关政策的出台是一个循序渐进的过程。自 2016 年起，国家出台了若干绿色建造的相关指导意见。如中共中央国务院《关于进一步加强城市规划建设管理工作的若干意见》（中发〔2016〕6 号）提出发展新型建造方式，大力推广装配式建筑，积极稳妥推广钢结构建筑。国务院办公厅《关于促进建筑业持续健康发展的意见》（国办发〔2017〕19 号）从完善工程建设组织模式、提高从业人员素质、推进建筑产业现代化等七个方面提出了 20 条措施，以提升建筑设计水平和加快建筑业“走出去”，推动品牌创新，培育有国际竞争力的建筑设计队伍和建筑业企业，提升对外承包能力，打造“中国建造”品牌。住房和城乡建设部等部门《关于印发贯彻落实促进建筑业持续健康发展意见重点任务分工方案的通知》（建市〔2017〕137 号）推广智能和装配式建筑。

国务院办公厅转发住房和城乡建设部《关于完善质量保障体系提升建筑工程品质指导意见》的通知（国办函〔2019〕92 号）从强化各方责任、完善管理体制、健全支撑体系、加强监督管理四个方面，提出了改革工程建设组织模式，推行工程总承包、全过程工程咨询和建筑师负责制；推行绿色建造方式，大力发展装配式建筑。

住房和城乡建设部《关于推进建筑垃圾减量化的指导意见》（建质〔2020〕46 号）指出，技术和管理是建筑垃圾减量化工作的有力支撑，要激发企业创新活力，引导和推动技术管理创新，并及时转化创新成果，实现精细化设计和施工，为建筑垃圾减量化工作提供保障。住房和城乡建设部等部门《关于推动智能建造与建筑工业化协同发展的指导意见》（建市〔2020〕60 号）指出，要以大力发展建筑工业化为载体，以数字化、智能化升级为动力，创新突破相关核心技术，加大智能建造在工程建设各环节的应用，形成涵盖科研、设计、生产加工、施工装配、交付等全产业链融合一体的智能建造产业体系。

2020 年 12 月 31 日，住房和城乡建设部为推进绿色建造工作，决定在湖南省、广东省深圳市、江苏省常州市开展绿色建造试点工作，并发布《绿色建造试点工作方案》要求。

2021 年 3 月 16 日，住房和城乡建设部发布《绿色建造技术导则（试行）》（建办质〔2021〕9 号），提出：为人民提供更为优质的产品和服务，将绿色发展理念融入工程策划、设计、施工、交付的建造全过程，构建一体化的绿色建造体系，通过工业化生产、信息化管理、技术进步解决现行建造方式中资源消耗大、环境污染严重等突出问题；通过工程总承包、全过程咨询等组织方式，杜绝现行建造方式中粗放式管理、碎片化管理等现象；鼓励绿色建材生产和使用，提高资源再利用率，控制环境污染，降低作业强度，保证工程质量和作业安全，让建造活动向绿色化、工业化、信息化、集约化、产业化更高的建筑产业现代化发展。

上述这些国务院和部委颁布的有关政策都以不同形式得到了一定的实施。各地各有关部门认真贯彻落实上述各项政策精神，制定切实可行的工作方案或配套政策，明确具体目标、实施步骤和保障措施，确保各项工作落到实处。

近年来，随着城市建设步伐加快，城市中为人们提供工作和生活空间的建筑，其建造过程和维护运行过程能耗巨大，碳排放已达城市碳排放总量的40%以上，2021年9月，中共中央、国务院《关于完整准确全面贯彻新发展理念做好碳达峰碳中和工作的意见》（中发〔2021〕36号）要求，将实施工程建设全过程绿色建造作为推进城乡建设和管理模式低碳转型的重要方面。2021年10月，中共中央办公厅、国务院办公厅印发《关于推动城乡建设绿色发展的意见》，对推动城乡建设绿色发展做出了系统部署，将“实现工程建设全过程绿色建造”作为城乡建设绿色发展的重要方面。因此在“碳达峰、碳中和”的大背景下，低碳建造将会成为建筑业的新目标，未来政府将可能进一步出台低碳建造要求。

1.3.2 绿色建筑技术得到规模化应用

我国绿色建筑在“十二五”“十三五”期间得到了快速发展，实现了从无到有、由少到多、从部分城市到全国的全面发展。部分城市或者区域已经由政府主导强制执行绿色建筑标准，或者在施工图审核中将绿色建筑纳入专项审核要求。截至2021年4月28日，全国已有22667个项目获得绿色建筑评价标识，其中设计标识21729个，运营标识938个。住房和城乡建设部最新数据显示，截至2022年上半年，我国新建绿色建筑面积占新建建筑的比例已经超过90%，全国新建绿色建筑面积已经由2012年的400万m^2增长至2021年的20亿m^2。绿色建筑能够全面集成绿色技术，涉及从上游的建材和设备研发、绿色设计到中游的绿色施工，再到下游的绿色建造产品的营销、运营与报废回收等，拉动了节能环保建材、新能源应用等相关产业发展；极大带动了建筑技术革新，直接推动了建筑生产方式的变革。但绿色建筑总体发展不平衡，项目主要集中在广东、江苏、上海、北京等发达地区，此外大部分项目集中在设计标识阶段，只有不到5%的项目取得了运行标识。如何将绿色建筑从设计到施工、运营的一体化贯通，是绿色建筑发展急需解决的问题，也是绿色建造发展的契机。

1.3.3 绿色施工技术得到广泛推广

绿色施工作为绿色建造过程中的重要阶段，在过去十多年得到了广泛的推广，以2008年北京奥运会场馆建设为起始标志，经历了深化研究和逐步推进（2007～2012年）以及快速发展（2013年后）的阶段，已取得了一定的成绩。

1. 绿色施工相关标准已初步建立

2010 年，我国颁布了《建筑工程绿色施工评价标准》GB/T 50640—2010；2014 年，《建筑工程绿色施工规范》GB/T 50905—2014 发布实施，为绿色施工的推进和考核提供了标准化依据，有效推动了我国绿色施工的实施。

绿色施工的基本理念已在行业内得到了广泛接受，尽管业界对绿色施工的理解还不尽一致，但业内工作人员已经意识到绿色施工的重要性，施工过程中关注“节约资源、保护环境”的基本理念已确立。

2. 成立推进绿色施工的行业机构

2012 年，中国建筑业协会绿色施工分会成立，具体负责绿色施工推进工作，开展培训 60 余次，参会人数总计达万人次，为各企业输送了绿色施工专业人才。2012 年 7 月，“绿色施工科技示范工程指导委员会”成立，以加强住房和城乡建设部绿色施工科技示范工程实施工作的领导和管理。

3. 绿色施工示范工程已全面开展

2010 年，中国建筑业协会开展了首批全国建筑业绿色施工示范工程，后续共分四批审批了 976 项全国建筑业绿色施工示范工程，其覆盖面遍及各省、自治区和直辖市，且数量迅速递增，为绿色施工推进培育了样板工程，从而加快了绿色施工的推进工作。同时，绿色施工科技示范工程也在全国绿色施工推进中发挥了重要作用。2012 年，全国建设（开发）单位和工程施工项目节能减排达标竞赛活动启动，达到相应标准就可授予“五一劳动奖状”和“全国工人先锋号”，激发了建设（开发）和施工单位推进绿色施工的积极性，有效促进了我国绿色施工的开展。但是绿色施工仅限于落实一些技术措施的层面，缺乏绿色施工的系统组织和管理，传统施工组织模式没有根本转变。

国内许多企业也开展了大量绿色施工研究和实践，促使绿色施工理论研究得到创新发展。住房和城乡建设部紧密围绕住房和城乡建设行业需求，设置了创新性强，技术水平高，具有较强的推广和应用价值，对促进产业结构调整和优化升级有积极作用的科技项目，在加强管理的基础上，突出施工过程中的技术创新，通过绿色施工技术的创新和应用，实现安全、节能、节地、节水、节材和保护环境的目标。

1.3.4　先行地区开始推行集约化组织方式

我国大部分工程项目设计和施工分属于设计单位和施工单位，仅有少数工程项目采用了设计施工一体化模式，还未广泛采用集约化的工程组织管理方式。

我国工程总承包政策建设已取得显著进步，政策类型不断丰富。2016 年、2017 年各出台工程总承包政策 17 项，达历史最高。2016 年，住房和城乡建设部印发《关于进一步推进工程总承包发展的若干意见》（建市〔2016〕93 号），深化建设项目组织实施方式改革，提出 20 条政策推进工程总承包。2017 年 2 月，工程总承包方式更是被提上国务院常务会议进行讨论，李克强总理也明确了加快推进工程总承包的要求。《房屋建筑和市政基础设施项目工程总承包管理办法》（建市规〔2019〕12 号）更是明确了适宜采用工程总承包方式的项目类型，这也表明了有关政策趋向理性，工程总承包方式并不是适用于所有项目。

自2015年住房和城乡建设部提出“建筑师负责制”的概念之后，我国一些地区开始进行试点探索。上海和深圳分别从浦东保税区、前海开发区为最先试点，逐步扩大到了整个市区。急需以此为抓手深化供给侧结构性改革，完成建筑业的转型升级。截至本书完稿，住房和城乡建设部正式批复同意开展建筑师负责制试点工作的地区共有五个，分别是上海浦东新区（后扩大到上海市）、广西壮族自治区、福建厦门自贸区、河北雄安新区和深圳市。在实际建设项目中已经运用建筑师负责制的地区，还有珠海横琴、深圳前海、成都高新区、大连自贸区等。与此同时，江苏、浙江等省也提出拟推行建筑师负责制。

1.3.5 建筑垃圾资源化处理模式正兴起

我国固体废弃物处理技术远落后于发达国家，固体废弃物资源化率也远低于发达国家的平均资源化率95%，只有不到10%的固体废弃物资源化率。经过国家“十一五”“十二五”计划项目研究，我国在某些单项建筑垃圾资源化利用技术上得到较大发展，目前建筑垃圾资源化利用的主要途径包括：废钢配件等金属经分拣、集中、重新回炉后，可以再加工制造成各种规格的金属建材；废竹木材可以用于制造人造木材；砖、石、混凝土等废料经破碎形成的建筑垃圾再生骨料可以用于砌筑砂浆、抹灰砂浆、打混凝土垫层等，还可用于制作砌块、铺道砖、花格砖等建材制品。从2018年开始住房和城乡建设部设立了35个城市的建筑垃圾治理试点，大约有建筑垃圾资源化处理项目近600个，资源化处理能力达到了每年5.5亿吨，但每年实际处理的建筑垃圾只有3.5亿吨。特别是混凝土再生利用技术，已在部分工程项目中得到示范应用。但整体来讲，我国建筑固体废弃物处置依然存在管理意识不强、资源化水平不高、产业化发展缓慢等问题，需要在施工现场固体废弃物量化计量、源头减量化控制、资源化利用成套技术与标准、综合处理设备以及工程示范上下功夫研究。

2020年，住房和城乡建设部发布的《关于推进建筑垃圾减量化的指导意见》（建质〔2020〕46号）明确提出：按照“谁产生、谁负责”的原则，落实建设单位建筑垃圾减量化的首要责任。建设单位应将建筑垃圾减量化目标和措施纳入招标文件和合同文本，将建筑垃圾减量化措施费纳入工程概算，并监督设计、施工、监理单位具体落实。明确建筑垃圾减量化目标和职责分工，提出源头减量、分类管理、就地处置、排放控制的具体措施。对建筑垃圾要实行分类收集、分类存放、分类处置，严禁将危险废弃物和生活垃圾混入建筑垃圾。引导施工现场建筑垃圾再利用，在满足质量要求的前提下，实行循环利用。施工现场不具备就地利用条件的，应按规定及时转运到建筑垃圾处置场所进行资源化处置和再利用。要求施工单位实时统计并监控建筑垃圾产生量，减少施工现场建筑垃圾排放。

1.3.6 绿色建造产业发展迎来历史性机遇

国务院2016年12月印发的《“十三五”节能减排综合工作方案》（国发〔2016〕74号）中明确要求实施绿色建筑全产业链发展计划，推行绿色施工方式，推广节能绿色建材、装配式和钢结构建筑。

2013 年国务院办公厅发布《绿色建筑行动方案》（国办发〔2013〕1 号），提出大力发展绿色建材，研究建立绿色建材认证制度及编制绿色建材产品目录的要求。国家高度重视发展绿色建材，住房和城乡建设部、中华人民共和国工业和信息化部先后印发了《绿色建材评价标识管理办法》（建科〔2014〕75 号）、《促进绿色建材生产和应用行动方案》《绿色建材评价标识管理办法实施细则》和《绿色建材评价技术导则（试行）》，并针对导则涉及的预拌混凝土、预拌砂浆、砌体材料、保温材料、陶瓷砖、卫生陶瓷、建筑节能玻璃七类产品开展了试评价工作。

2015 年 9 月，工业和信息化部、住房和城乡建设部联合印发《促进绿色建材生产和应用行动方案》，要求推动绿色建材产业发展，构建产业链，更好地服务于新型城镇化和绿色建筑发展。2016 年《国务院办公厅关于建立统一的绿色产品标准、认证、标识体系的意见》（国办发〔2016〕86 号）提出了“绿色产品”的概念。2016 年 3 月，“全国绿色建材评价标识管理信息平台”正式上线运行，绿色建材标识评价工作正式启动。全国各省市也陆续按照两部委的统一部署开展绿色建材评价工作。例如，北京城市副中心、雄安新区建设中要求全部使用绿色建材，各省市也根据地方特点不同程度地响应了国家的绿色建材政策。2019 年 9 月 2 日，《中共中央国务院关于开展质量提升行动的指导意见》发布，再次提到了绿色建材的标准、生产和应用。建筑业发展“十三五”规划提出，到 2020 年绿色建材应用比例达到 40%。

随着装配式建筑进入快速发展期，绿色建材也将借力装配式建筑发展赢得更多市场，绿色建材产业发展迎来了历史性机遇。在发展装配式建筑的同时推动了建材革命，是对于供给侧结构性改革、行业专业发展的有效手段。可以说，装配式建筑不仅为绿色建材发展提供了广阔的市场机遇，也为绿色建材产业指明了方向。

装配式建筑行业产业链可以分为上中下游三个部分。上游是供应生产构件用的原材料以及构件生产和组装设备；中游是在工厂中生产混凝土预制构件、钢预制构件等构件的生产商以及在现场组装构件的承包商，提供软硬件的信息化企业等；下游是建筑项目的开发商，见表 1-1。

装配式建筑产业链构成　　**表 1-1**

类别	上游	中游	下游
行业	原材料及设备供应	装配式设计 构件生产 工程承包	地产开发
业务	供应混凝土、钢材、木材等原材料 提供构件生产设备、生产线及运输和建造装备	设计、生产各类预制构件 组装构件进行建造	开发不同种类的建筑项目，包括住宅、工业建筑、商业建筑等
参与者	原材料生产商或贸易商， 设备生产商或贸易商	各类预制构件生产商、装配式建筑设计商和承包商	物业开发商 工厂所有者 政府

1.3.7 人才培育不断加强

伴随着建筑业从业人员大幅度的增加，建筑师、高级管理人才、工程技术人才等建筑人才大批涌现，建筑业从业人员的素质也在不断提升。近年来各省市在建筑业人才队伍建设上的发展也在持续改进，以 1999 年和 2018 年两个时间节点为例进行对比分析，见表 1-2。

中国建筑业从业人员中技术人员数量和占比统计 **表 1-2**

时间节点	建筑业企业工程技术人员	工程技术人员占建筑业企业从业人员比例
1999 年	233.93 万人	11.58%
2018 年	704.7 万人	12.7%
对比分析	3.01 倍,年均增长 11.2%	提高 9.7%

2017 年 2 月，国务院办公厅印发了《关于促进建筑业持续健康发展的意见》(国办发〔2017〕19 号)，指出应加快培养高素质建筑工人，改革建筑用工制度。2018 年河南省、四川省最早出台了开展培育新时期建筑产业工人队伍试点方案。河南省支持固始县与中建七局合作建立全国建筑产业工人培育示范基地；支持建筑施工企业在试点范围以外开展项目试点，加强建筑产业工人技能培训、鉴定，发展专业作业企业，探索总承包、专业承包企业建立自有工人队伍，取消建筑劳务资质，实行施工现场实名制管理，探索产业工人用工本地化，提升建筑产业工人各项保障，建立建筑产业工人输出示范基地，依托装配式建筑产业基地培育产业工人，以及其他体制机制创新。

2017 年，湖南省人民政府提出加强人才培养的要求，加强高层次管理人员的培养和储备，相关高校结合实际增设相关课程，加快培养建筑急需的高端人才。2018 年，湖南省住房和城乡建设厅提出在人才培养方面，引导校企合作的要求，并宣传推介在绿色建筑领域做出重大贡献的领军企业和优化科技人才。

江苏省在发展人才队伍建设方面出台了具体的措施，在实践过程中培养了大批人才，取得了明显的效果。然而，人才培养的办法措施革新优化速度较慢，在绿色建造人才培养方面的举措和办法较少。2017 年，江苏省在南京、常州等地建立全省建筑产业现代化研发设计人才培训基地。龙头企业在建筑产业现代化领域的不断探索和实践中还培养和储备了一批专门人才，为建筑产业现代化发展奠定了良好基础。

住房和城乡建设部等部门的《关于加快培育新时代建筑产业工人队伍的指导意见》(建市〔2020〕105 号）提出，到 2025 年，符合建筑行业特点的用工方式基本建立，建筑工人实现公司化、专业化管理，建筑工人权益保障机制基本完善；建筑工人终身职业技能培训、考核、评价体系基本健全，中级工以上建筑工人达 1000 万人以上。

1.4 我国绿色建造发展存在的问题

1.4.1 政策法规不够完善

一是国家层面在建筑绿色发展方面暂未专门立法，工程建设各方关于绿色建造责任及保障制度尚未明确，绿色建造推动工作的政策支撑不足。

二是部分地区制定了“绿色建筑发展条例”，如《湖南省绿色建筑发展条例》《浙江省绿色建筑条例》《江苏省绿色建筑发展条例》《河北省促进绿色建筑发展条例》《辽宁省绿色建筑条例》《广东省绿色建筑条例》，但包括的绿色建造相关内容涉及很少。随着双碳行动的落实，各地有可能进一步修订条例，增加绿色建造相关内容。

三是目前政策制定大多从绿色设计、绿色施工以及绿色建筑、绿色建材等方面分别推进，不利于绿色建造的推进。例如，涉及绿色策划的内容较少，而在设计环节，往往缺乏标准化设计、正向设计方面的引导，在一定程度上阻碍了绿色建造的推进。随着住房和城乡建设部绿色建造试点工作的启动，以及今年中建科技集团有限公司主编的住房和城乡建设部《绿色建造技术导则（试行）》正式发布，为绿色建造试点工作、全国推行绿色建造提供了依据与指引，同时为落实国家碳达峰、碳中和提供了支撑。《绿色建造技术导则（试行）》用于指导湖南省、广东省深圳市、江苏省常州市试点地区开展试点工作，尽快打造绿色建造应用场景，形成系统解决方案，并及时总结阶段性经验。经过试点工作的验证和完善，《绿色建造技术导则（试行）》可以对全国范围内推广绿色建造进行有效引导和规范，有利于解决建造活动资源消耗大、污染排放高、品质与效率低等问题，为我国进一步形成完善的绿色建造实施体系提供有力支撑。通过《绿色建造技术导则（试行）》的引导，把绿色发展理念融入工程建造的全要素、全过程，全面提升建筑业绿色低碳发展水平、推动建筑业全面落实国家碳达峰、碳中和重大决策，为建设美丽中国、共建美丽世界做出积极贡献。

四是一些既有相关政策的落实工作不到位，政策没有形成合力，导致推进绿色建造工作进展缓慢。比如在项目立项、规划条件、土地出让等环节提出绿色化工业化方面相关要求，但相关政府主管部门未能完全落实执行，导致进展缓慢。

1.4.2　现有技术体系不完善

经过近些年的发展，我国绿色建造现行技术标准侧重单项技术多、简单过程多，忽略建造全过程的综合考量，与发达国家存在较大差距。同时企业绿色建造技术创新能力不足，绿色建造新技术推广应用力度不足。我国绿色建造现行技术存在的问题主要有以下几个方面。

一是技术起步晚，相关标准、技术、产品和产业链不够完善。绿色建造体系化技术在我国的起步比较晚，仍然有较多标准缺失，同时我国有较多技术体系、产品等借鉴国外技术，从而造成我国自身绿色建造技术缺乏专利技术与核心技术，绿色建材等产品产业链不够完善。

二是技术体系集成度不高，成套技术成果较少。绿色设计和绿色施工虽然都得到了一定程度的发展，但仍处于各自推进阶段，没有形成基于绿色建造的绿色策划、绿色设计与绿色施工协同推进模式。没有将绿色建造理念较好地融入基于建筑全生命期的策划、设计、施工过程中。在工程立项策划阶段，存在绿色建造长期利益和短期投入兼顾不周的问题；在工程设计阶段，存在绿色建造技术简单堆积，对运行效果考虑欠佳的问题；在绿色建造技术上，存在技术集成和创新不够的问题。

三是关键性技术还有待进一步提升和突破。新一代的设计和施工技术对绿色建造的系统性研究还不够深入；建筑材料和施工机具尚存在很多不绿色的情况，能耗、噪声排放等指标仍比较落后，使得绿色建造的物质基础还不够充分。绿色建材技术的应用时间较短，主要停留在科研阶段，研究与开发工作相对落后，尚未形成覆盖的绿色化生产技术体系和产业链；绿色建材技术在我国的应用比例仍然比较低。

四是社会整体认识不足，阻碍了技术的推广。在概念和内涵理解上，对绿色建造系统性理解还不够，也影响了进一步的推进，总被认为是高科技、大投入。事实上，绿色建造技术种类有很多，因地制宜地选择适当的技术，加以规划，然后再应用到设计、施工的过程中去，并不一定会增加成本，相反，还可能节省资源、降低能耗。

1.4.3 产业化配套协同发展差，绿色建造生态圈尚未形成

长期以来，我国建筑产业碎片化，缺乏技术系统集成，企业间的生产活动中难以形成协同高效的产业链、价值链和创新链。建筑产业是一个跨行业、跨部门的传统产业，产业链长、关联产业的企业多，产业链上下游的生产环节复杂多变，与关联产业的差异性带来的影响因素多。

（1）绿色建造与工业化、智能建造缺乏互动、融合发展。很多工程建设所需的产品没有形成专业化的技术配套、没有专业工人安装、没有售后服务和质量保证，甚至运营期间产品出现质量问题无法追溯。与部品部件、信息化软件、设备等的生产过程只存在供需的买卖关系，也由此造成了产业之间难以实现良性互动，使得绿色建造活动与绿色产品之间缺少必要的技术接口和协同原则，进而造成了工程建造全过程的协同性不强，要素配置效率低下，产业链上难以协同高效。随着信息技术的快速发展，与关联产业融合互动、系统集成，形成协同高效的产业结构必将成为未来绿色发展的必然选择。

（2）缺乏产品思维、用户思维以及产业思维。企业的管理者在很大程度上是“包工头”的思维和方式，通常缺少跨产业、跨行业的管理经验，特别是对于先进技术与产品，以及制造业的生产了解很少，没有产业链协同作战、系统集成的运营管理思维模式，也没有将“绿色建筑”作为最终产品，通常是采取简单复制来实现企业的发展，技术与管理创新的动力不足，发展理念落后，思维模式僵化，严重制约建筑产业的转型升级与创新发展。

（3）绿色建造产业链上各技术、生产环节之间的割裂。工程建造全过程、全产业链、各环节各自为战，缺乏环环相扣对接的关联关系。例如：建筑设计对功能、规范考虑得多，对采用材料、部品的制作与施工因素考虑得少，甚至关起门来设计；施工企业以土建专业为主，照图施工，施工过程产生大量的不经济、不合理和质量安全隐患；材料部品生产企业关起门来搞产品研发，与工程设计、施工建造系统技术不匹配、不配套。全产业链的系统性、整体性和协同性问题普遍处于较低水平。

（4）绿色建材评价标准和产品认证体系亟待进一步完善并发挥作用。各地推广的绿色建材产品目录，因为管理力度不够，很多是地方的工程物资协会等机构组织上报然后经专

家评定，没有指标体系，偏主观性。这也导致市场有大量由协会或各类机构推出的环保建材、节能建材的认定或评价。绿色建材产品生产的企业不多，企业实力不强，融资能力差，难以在资本市场上筹集到企业开发生产绿色建材产品所需的必要资金，制约了绿色建材生产企业的发展壮大。

1.4.4　建筑垃圾资源化利用率较低，再生建材产品的市场认可度不高

我国建筑垃圾的来源可划分为旧建筑物拆除时所产生的建筑垃圾、现有建筑物装修时所产生的建筑垃圾和新建建筑物在施工时产生的建筑垃圾三大类。根据建筑垃圾的来源划分，2020 年，我国旧建筑物拆除所产生的建筑垃圾占建筑总垃圾量的 45.08%左右，建筑施工产生的建筑垃圾占 29.52%左右，建筑装修所产生的建筑垃圾占 25.4%左右。由此可知，建筑物的拆除阶段仍是建筑垃圾的关键控制点。

发达国家把建筑垃圾资源化利用视为实现经济环境平衡发展的重要目标，将建筑垃圾处理的全过程分为“产生、清运、中间处理、回收再利用”四个阶段，以法律法规为保障进行建筑垃圾的综合管理。例如，在日本，减少施工现场垃圾产生和尽可能再利用，是处理建筑垃圾的主要原则，并且对建筑垃圾的生产、分类、处理有严格的流程管理；在德国，法律明确规定，建筑垃圾生产链条中的每一个责任者都需要为减少垃圾和回收再利用出力，建筑材料制造商必须将产品设计得更加环保和有利于回收。

相较于我国巨大的建筑垃圾产生量，我国建筑垃圾资源化的行业空间还未得到发挥。当前我国建筑垃圾资源化率只有 10%左右，相较于欧美日韩等发达国家的 90%～95%还有很大差距，尽管我国在一些方面积极地探索，但实际上，每年实际处理的建筑垃圾只有 3.5 亿吨。建筑垃圾的资源化利用率还很低，建筑垃圾的资源化处理产业尚处于起步阶段，再生建材产品的市场认可度也并不高。一方面，本身从项目的设计到施工的过程中，没有融入再生建材元素，另一方面，虽然近年来相关部门对于建筑垃圾再生产品的生产和应用出台了一些政策和标准，但还不够完备和系统。国内生产企业的技术水平和规模不同、产品质量不一，这也是很多施工企业没有选择再生建材产品的主要原因。由于建筑垃圾包含建筑物维修、拆除过程中产生的废混凝土块、废砖、金属、装饰装修废料等多种废弃物，种类复杂，会给企业的回收处置带来一定难度。

1.4.5　人才结构有待优化

（1）中间圈层人才数量匮乏，需要进一步扩大。企业缺乏培养后备人才的有效方针措施，力度不够大。人才结构需要更深层次的优化和改进，只有优化人才队伍结构，才能激发内部活力，为中间圈层储备力量，从而构建数量充足、布局科学、梯次合理、素质高能力强的人才队伍。

（2）人才培养模式单一。缺乏“定位准确、路径清晰”的人才培养战略规划。随着市场经济的全球化发展，勘察设计企业必将面临激烈的市场竞争。

（3）建筑施工企业在人才队伍的建设尚存在着不适应行业和企业发展的要求，不适应社会对建筑施工企业的要求等问题。专业技术、技能人才流失严重。绿色施工的理念逐渐

深入施工企业和工程项目管理中，但是绿色建造施工阶段发展仍处于初步阶段。我们应该全面深入建设绿色施工人才队伍，解决上述绿色施工人才队伍建设中存在的不足，从而提高绿色施工的发展速度。

1.4.6 建筑企业亟需建立绿色企业手册或绿色建设标准

在国际社会、各国政府和环保组织的共同促进下，绿色浪潮正在席卷全球，经济发展的“绿色化”要求逐渐渗透到各国经济活动的各个层面。企业发展越来越依靠综合绿色化能力——绿色产品、绿色价值链、绿色商业模式、绿色支撑体系，强化绿色属性，实现绿色增长。建筑企业作为全方面践行绿色发展理念的绿色实施主体，理应顺应可持续发展的趋势，采用绿色化战略，提高自身价值和竞争力，同时满足消费者对环境和健康的需求。

通过对建筑业上市公司的可持续发展报告、社会责任报告和环境报告分析，总体来看，目前建筑业各企业的信息披露不够全面，缺乏绿色发展的意识和意愿，未制定绿色发展战略、目标和行动部署，鲜有提出绿色建造发展战略或绿色企业手册。

绿色低碳发展已成为建筑业发展的主旋律，碳达峰和碳中和给建筑业提出了新的发展要求。企业需要认识到绿色发展要求的必然性和紧迫性，积极思考绿色企业建设问题，尽快做好应对准备。从企业的角度形成绿色企业发展指南，为企业践行绿色发展理念提供可供参考的指标、方向和目标，有效促进建筑企业建立健全绿色低碳循环发展的运行体系，加快建筑行业实现绿色生产进程；促进建筑全产业链的绿色化转型升级，推动建筑业转型升级和高质量发展。

第2章 绿色策划

2.1 绿色策划概况

绿色策划是实现绿色建造的重要环节，关系到建设项目的成败。广义上来说，绿色策划就是在追求“人、建筑和自然”和谐共生的可持续理念指导下，从工程项目的全寿命周期考虑，最大限度地节约资源、保护环境和减少污染的投资决策过程。

如何在建筑的策划、设计、建设、运行中，科学处理好生态、人文、建设之间的关系，建设什么样的建筑，如何进行建设，形成什么样的人与人、人与自然、建筑和自然的关系及与之相应的一系列建筑表现，是绿色策划的重点。绿色策划是开展绿色建造的顶层设计，需要以节约资源、保护环境的要求来策划项目，因地制宜地对包括设计、生产、施工、监理、验收的建造全过程进行人、材、机、料、法、环的全盘策划，明确绿色建造的目标以及实施路径，形成绿色建造执行纲领。

2.2 绿色策划原则

策划过程中要秉承人、建筑与自然和谐共生的可持续发展理念，通过广泛调查研究，本着在建筑全寿命周期内最大限度节约资源、保护环境和减少污染的理念，科学确定项目定位、增量成本、技术策略等，实现经济效益、环境效益和社会效益有机统一的目标。

2.2.1 协同工作的原则

绿色建造是一项系统性工程。管理和运作模式贯穿于策划、设计、施工的全寿命期中，如果各阶段各自为政，仅从自身的角度考虑绿色建造实施，无异于以偏概全，对绿色建造在项目上的顺利实施是不利的。因此，必须进行建造全过程一体化策划，对包括策划、设计、生产、施工和运维等环节进行统一筹划与协调；对工程的生态、节约、性能、品质、效率、质量、安全、进度、成本、人文等全要素进行一体化统筹与平衡。同时，在统筹过程中进行融合与集成创新，实现工业化建造与信息化手段融合、建筑业与制造业的理念和装备融合、建筑工地与工厂融合发展，提高工程建造的生产力和效率，实现更高水平的资源节约与环境保护。

2.2.2 以人为本的原则

建造活动的本质是满足人们美好生活的需要，从人的安全、健康、需求和感受出发提升建筑品质，营造健康的人居环境。绿色建造特别注重设计细节，特别注重人的感受，既包括了使用者（人）的感知性能，如热湿环境的冷热舒适度、风环境舒适度、光环境舒适度、声环境舒适度、健康新风量、阳光日照舒适度、室内污染物浓度控制、空间尺度的舒适度、环境美感等；也包括了建筑使用性能，如建筑防水性能、围护结构内表面温度、无障碍性能、功能便捷性能、排水性能等。只有这些有关空间利用、审美文化、舒适感知和使用性能等多方面满足使用者（人）不断提升的需求，才能使绿色建筑“看得见，摸得着”，易于被使用者所感知。

2.2.3 人、建筑与自然和谐共生的原则

习近平总书记指出，“人与自然是生命共同体，生态环境没有替代品，用之不觉，失之难存”。绿色策划要将打造高品质的人与自然和谐的建筑、与城市和文化融合的人类生存空间作为核心追求，体现以人为本、人与自然和谐共生的基本理念，努力实现生产发展、人民满意、生态良好的文明发展目标。减少对自然资源的消耗及对环境的负面影响，减少环境污染，制定合理的碳减排方案，建立碳排放管理体系，并应明确建筑垃圾减量化等目标，整体提升建造活动绿色化水平，实现人民对优美生态环境的需要，体现人对自然的尊重和环境生态的协调。当建造活动合理开发利用、友好保护环境时，环境会给人类带来美好生活，否则，人类将会受到环境的无情惩罚。

2.2.4 因地制宜的原则

绿色策划必须注重地域性，尊重民族习俗，依据当地自然资源条件、经济状况、气候特点等，因地制宜地创造出具有时代特点和地域特征的绿色建筑。世界上没有两片一样的树叶，建筑也是如此。不同的地理位置、自然环境、使用功能、人文环境条件下，不可能存在完全相同的建筑系统。绿色策划必须对建筑所处的背景条件进行具体的分析、策划，综合考虑技术水平、成本投入与效益产出等因素，确定应用目标和实施路径，因地制宜区别对待。不能将建筑照搬，直接套用其他地区所谓的“成功经验”。

2.2.5 创新驱动的原则

绿色策划要强化创新引领作用，通过一系列的创新驱动，包括新材料、新装备、新技术的科技创新和集约化的管理创新以及标准提升创新，建立系统完整的生态文明体系，不断完善与绿色发展相适应的新型建造方式。在绿色发展理念指导下，结合建筑业供给侧结构性改革，不断深化体制机制改革和科技创新，将发展绿色建造与建筑业转型升级、创新

发展有机结合，为绿色发展注入强大动力。计算机对绿色策划可以起到很好的支撑作用，绿色策划可以利用计算机辅助推动全过程数字化、信息化、智能化技术应用。

由于建筑本身是一个复杂的动态综合体，其内外环境、资源消耗等数据可以同时受到多重因素的影响，因此如果在绿色策划中不经综合量化分析推敲，很可能通过众多昂贵新技术堆砌起来的“绿色建筑”会在运营阶段反而比同等级的建筑浪费更多的宝贵资源，没有起到提升自身环境品质的目的。使用数字化模拟分析技术模拟复杂动态环境下各类技术在建造中的作用效果，确定绿色建筑策略，保证绿色策划的可行性，做出科学决策。

结合实际需求，有效采用 BIM、物联网、大数据、云计算、移动通信、区块链、人工智能、机器人等相关技术进行科学策划，可以提升策划质量，实现协同工作、提高工作效率、减少资源浪费、加强环境监控、合理规划土地等多方面目标。利用基于统一数据及接口标准的信息管理平台，支撑各参与方、各阶段的信息共享与传递，整体提升建造手段信息化水平。

2.2.6　经济合理的原则

绿色策划应注重经济性，从建筑的全寿命周期综合核算效益和成本，引导市场发展需求，适应地方经济状况，提倡朴实简约，反对浮华铺张。绿色建筑技术应用的目的在于提高建筑对于资源的利用率，大量的技术叠加未必能达到资源利用和配置效率的最佳，往往增加成本的同时反而降低了综合效益。一味地在绿色建筑中应用多项技术而获取最佳的生态效率，而不顾及投资和开发以及使用上的经济效益，只能背离建设绿色建筑的最初目的。

2.3　明确绿色建造最终产品的总体性能及主要指标

运行绿色策划首先要明确工程的绿色建造管理指标，指标也是考核的依据。除整体指标外，根据设计、生产、施工、交付阶段工作的侧重点不同，制定各分阶段的详细指标。指标的设立应注意三项原则：一是全面，绿色建造相关活动影响范围广，这就要求管理团队必须全面考量，不可过分追求片面效益的最大化，破坏整体的和谐度；二是合理，各项指标应该在项目所处时空条件的技术、管理能力可实现的范围内，避免不合理的指标造成负面影响；三是量化，为便于最终的评价，指标应尽可能量化，以便未来总结提升。绿色策划阶段需要明确的绿色建造最终产品的总体性能及主要指标，包括但不限于以下指标。

2.3.1　绿色建筑星级目标

现行国家标准《绿色建筑评价标准》GB/T 50378—2019 将绿色建筑分为基本级、一星级、二星级和三星级，如图 2-1 所示，在策划阶段应对本项目拟达到的绿色建筑星级目标进行明确。

住房和城乡建设部、国家发展改革委联合印发的《城乡建设领域碳达峰实施方案》（建标〔2022〕53 号）指出：

图 2-1 绿色建筑三星标识示意

持续开展绿色建筑创建行动，到 2025 年，城镇新建建筑全面执行绿色建筑标准，星级绿色建筑占比达到 30%以上，新建政府投资公益性公共建筑和大型公共建筑全部达到一星级以上。

1. 绿色建筑定义

绿色建筑是指在全寿命周期内，节约资源、保护环境、减少污染，为人们提供健康、适用、高效的使用空间，最大限度地实现人与自然和谐共生的高质量建筑。（《绿色建筑评价标准》GB/T 50378—2019）

2. 绿色建筑发展

在我国申办 2008 年奥运会时提出“绿色奥运、科技奥运、人文奥运”的理念后，2003 年开始，建筑领域的绿色概念逐渐形成。2004 年，我国启动了国家“十五”科技攻关计划项目“绿色建筑关键技术研究”，重点研究了我国绿色建筑评价标准和技术导则、开发了符合绿色建筑标准要求的具有自主知识产权的关键技术，通过系统的技术集成和工程示范，形成我国绿色建筑技术研究的自主创新体系。2004 年下半年，中华人民共和国建设部（以下简称建设部，现住房和城乡建设部）设立“全国绿色建筑创新奖”，我国开始进入绿色建筑推广阶段。2005 年建设部出台《绿色建筑技术导则》，从遵循原则、指标体系、规划设计技术要点、施工技术要点、智能技术要点、运营管理技术要点、推进绿色建筑产业化等多个方面提出了绿色建筑技术要求。2006 年我国颁布了第一个绿色建筑评价标准《绿色建筑评价标准》GB/T 50378—2006，将绿色建筑的评价指标细化，使得绿色建筑的评价有了可供操作的标准，建立了适合我国地域与国情的绿色建筑评价体系。2013 年国家发布了《绿色建筑行动方案》，提出了“十二五”期间，完成新建绿色建筑 10 亿m^2的目标。随着国家大力推进，江苏、浙江、河北、辽宁、湖南等省出台了绿色建筑发展条例，通过地方立法的形式全面推进绿色建筑。2017 年住房和城乡建设部发布《建筑节能与绿色建筑发展“十三五”规划》，提出“到 2020 年，全国城镇绿色建筑占新建建筑比例超过 50%，新增绿色建筑面积 20 亿 m^2 以上”的目标要求。2020 年 7 月住房和城乡建设部、国家发展改革委、中华人民共和国教育部、工业和信息化部、中国人民银行、国务院机关事务管理局、中国人民银行保险监督委员会联合发布《绿色建筑创建行动方案》（建标〔2020〕65 号），提出“到 2022 年，当年城镇新建建筑中绿色建筑面积占比达到 70%”的目标要求。

2007 年以后，我国陆续有建设单位和设计单位开始按《绿色建筑评价标准》GB/T 50378[1] 进行绿色建筑策划、设计和建设，据统计截止到 2021 年 4 月 28 日，全国已有 22667 个项目获得绿色建筑评价标识，其中设计标识 21729 个，占 95.9%，运营标识 938 个，占 4.1%。绿色建筑标识主要集中在广东、江苏、山东等省，有些地方还没有实现绿色建筑零突破。而在标识阶段上，大部分项目集中在设计标识阶段，只有不到 5%的项目取得了运营标识，如何将绿色建筑从设计阶段向运营阶段推动，是绿色建筑面临的重要问

[1] 《绿色建筑评价标准》GB/T 50378 自 2006 年至今已经历 3 个版本，现行为 2019 版。——编者注

题，也是绿色建造发展的契机。

2.3.2　碳排放目标

可包含施工阶段碳排放目标和建筑全寿命周期碳排放目标两类指标。

现行国家标准《建筑碳排放计算标准》GB/T 51366—2019 中对“运行阶段碳排放计算”“建造及拆除阶段碳排放计算”“建材生产及运输阶段碳排放计算”等做出了规定，实际建造时可结合项目情况参照执行。国家标准《建筑碳排放计算标准》GB/T 51366—2019 如图 2-2 所示。

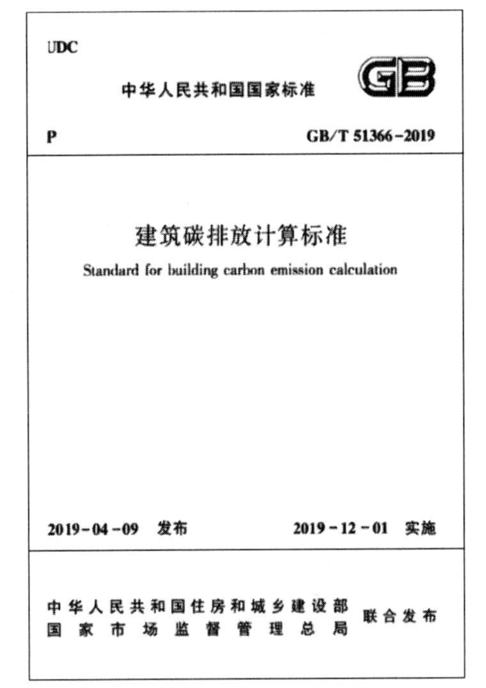

UDC

中华人民共和国国家标准　GB

P　GB/T 51366-2019

建筑碳排放计算标准

Standard for building carbon emission calculation

2019-04-09　发布　2019-12-01　实施

中华人民共和国住房和城乡建设部
国家市场监督管理总局　联合发布

图 2-2　国家标准《建筑碳排放计算标准》GB/T 51366—2019

另外，2019 年 1 月发布的《住房城乡建设部绿色施工科技示范工程技术指标及实施与评价指南》中也提供了一套项目碳排放量的计算方法，如图 2-3 所示。

C（碳排放量）$=\Sigma C1+\Sigma C2$

$C1$（材料运输过程的碳排放量）＝碳排放系数×单位重量运输单位距离的能源消耗×运距×运输量；

$C2$（建筑施工过程的碳排放量）＝碳排放因子×［$\Sigma C2_1$（施工机械能耗）＋$\Sigma C2_2$（施工设备能耗）＋$\Sigma C2_3$（施工照明能耗）＋$\Sigma C2_4$（办公区能耗）＋$\Sigma C2_3$（生活区能耗）］。

注：1. 对于建筑材料碳排放核算，将施工过程中所消耗的所有建筑材料按重量从大

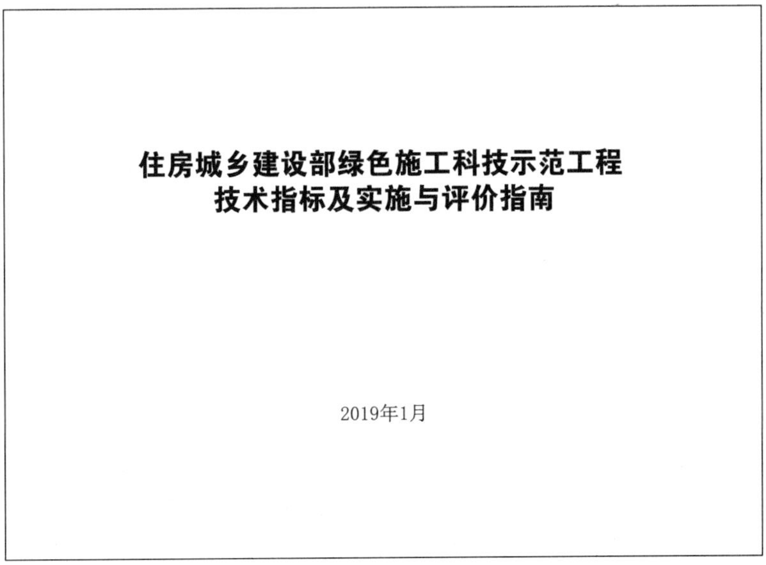

住房城乡建设部绿色施工科技示范工程
技术指标及实施与评价指南

2019年1月

图 2-3　《住房城乡建设部绿色施工科技示范工程技术指标及实施与评价指南》

到小排序，累计重量占所有建材重量的90%以上的建筑材料都作为核算项；

2. 施工过程的能耗全部作为核算项，但须按地基基础、主体结构施工、装饰装修与机电安装三个阶段，并分成施工机械、施工设备、施工照明、办公用电、生活用电分别进行统计；

3. 物料运输碳排放计算，以《全国统一施工机械台版费用定额》中给定的水平运输机械消耗定额为基础，将运输量与机械台班的产量消耗定额相乘得到能源消耗，然后与各能源碳排放因子相乘；

4. 各种能源的碳排放因子采用政府间气候变化专门委员会（IPCC）给出的能源碳排放因子；

5. 材料运距指材料采购地距离。

1. 建筑碳排放定义

建筑物在与其有关的建材生产及运输、建造及拆除、运行阶段产生的温室气体排放的总和，以二氧化碳当量表示（《建筑碳排放计算标准》GB/T 51366—2019）。

2. 碳排放发展

（1）哥本哈根世界气候大会：哥本哈根世界气候大会全称《联合国气候变化框架公约》第15次缔约方会议暨《京都议定书》第5次缔约方会议，于2009年12月7—18日在丹麦首都哥本哈根召开。来自192个国家的谈判代表召开峰会，商讨《京都议定书》一期承诺到期后的后续方案，即2012—2020年的全球减排协议。

全球共有192个国家参加了全球气候保护协定《联合国气候变化框架公约》，并于1997年签订了《京都议定书》，承诺在2012年前共同削减温室气体排放、并帮助脆弱地区应对变暖带来的灾害。而中国也已经从科学和社会发展等多方面认识到了气候变化的巨大影响，并且开始进行着积极的应对。我国于2005年通过了第一部《中华人民共和国可再生能源法》。在这个积极政策的引导下，截至2008年底，我国风力发电量128亿度，比上年增加126.79%。风力发电已经成为这场能源革命中的主要力量。我国也已成为全球最大的光伏产业基地，2010年太阳能发电量达到1.1GW，占全球太阳能发电总量的27.5%。此外，我国还提出了到2010年实现单位国内生产总值能源消耗比2005年降低20%左右，到2010年努力实现森林覆盖率达到20%，2020年可再生能源在能源结构中的比例争取达到16%等一系列目标。

（2）碳达峰和碳中和：2020年9月22日，习近平在第七十五届联合国大会一般性辩论上表示，应对气候变化《巴黎协定》代表了全球绿色低碳转型的大方向，是保护地球家园需要采取的最低限度行动。中国将提高国家自主贡献力度，采取更加有力的政策和措施，二氧化碳排放力争于2030年前达到峰值，努力争取2060年前实现碳中和。

2020年9月30日，习近平在联合国生物多样性峰会上指出，我们愿承担与中国发展水平相称的国际责任，将秉持人类命运共同体理念，继续做出艰苦卓绝的努力，为实现应对气候变化《巴黎协定》确定的目标做出更大努力和贡献。

2020年11月12日，习近平在第三届巴黎和平论坛上强调，不久前，我提出中国将提高国家自主贡献力度，力争2030年前二氧化碳排放达到峰值，2060年前实现碳中和，中方将为此制定实施规划。

2020 年 11 月 17 日，习近平在金砖国家领导人第十二次会晤上指出，全球变暖不会因疫情停下脚步，应对气候变化一刻也不能松懈。中国愿承担与自身发展水平相称的国际责任，继续为应对气候变化付出艰苦努力。我国不久前在联合国宣布，中国将提高国家自主贡献力度，采取更有力的政策和举措，二氧化碳排放力争于 2030 年前达到峰值，努力争取 2060 年前实现碳中和。

2020 年 11 月 21 日，习近平在二十国集团领导人第十五次峰会第一阶段会议上呼吁，以 2021 年联合国第二十六次气候变化缔约方大会和第十五次《生物多样性公约》缔约方大会为契机，凝聚更多共识，形成更大合力，共同建设清洁美丽的世界，实现人与自然和谐共存。

2020 年 11 月 22 日，习近平在二十国集团领导人利雅得峰会“守护地球”主题边会上指出，要秉持人类命运共同体理念，携手应对气候环境领域挑战，守护好这颗蓝色星球。不久前，我国宣布，中国将提高国家自主贡献力度，力争二氧化碳排放 2030 年前达到峰值，2060 年前实现碳中和。

2020 年 12 月 12 日，习近平在气候雄心峰会上发表题为《继往开来，开启全球应对气候变化新征程》的重要讲话，就全球气候治理提出三点倡议，呼吁从绿色发展中寻找发展的机遇和动力。习近平郑重宣布，到 2030 年，中国单位国内生产总值二氧化碳排放将比 2005 年下降 65%以上，非化石能源占一次能源消费比例将达到 25%左右，森林蓄积量将比 2005 年增加 60 亿 m^3，风电、太阳能发电总装机容量将达到 12 亿 kW 以上。习近平还表示，我国将以新发展理念为引领，在推动高质量发展中促进经济社会发展全面绿色转型，脚踏实地落实上述目标，为全球应对气候变化做出更大贡献。

2022 年 7 月，住房和城乡建设部、国家发展改革委联合印发《城乡建设领域碳达峰实施方案》(建标〔2022〕53 号)，对 2030 年前碳达峰目标提出具体实施举措。

(3) 碳达峰：碳达峰是指我国承诺 2030 年前，二氧化碳的排放不再增长，达到峰值之后逐步降低。

(4) 碳中和：碳中和是指企业、团体或个人测算在一定时间内直接或间接产生的温室气体排放总量，然后通过造树造林、节能减排等形式，抵消自身产生的二氧化碳排放量，实现二氧化碳“零排放”。

2.3.3 绿色施工目标

按照现行国家标准《建筑工程绿色施工评价标准》GB/T 50640—2010 将绿色施工级别分为不合格、合格和优良，绿色建造要求绿色施工必须达到优良级别，如图 2-4 所示。

也可根据项目实际选择其他绿色施工目标，如以中国施工企业管理协会组织的“工程建设项目绿色建造施工水平评价”、中国建筑业协会绿色建造与智能建筑分会“建设工程项目绿色建造竞赛活动”之“绿色施工竞赛活动”等绿色施工相关要求为目标。

1. 绿色施工定义

在保证工程质量、施工安全等基本要求的前提下，以人为本，因地制宜，通过科学管

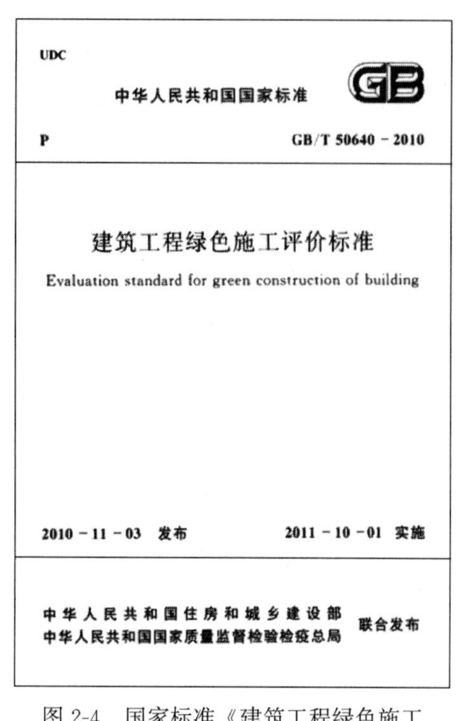
UDC

中华人民共和国国家标准 GB

P GB/T 50640－2010

建筑工程绿色施工评价标准

Evaluation standard for green construction of building

2010－11－03 发布 2011－10－01 实施

中华人民共和国住房和城乡建设部
中华人民共和国国家质量监督检验检疫总局 联合发布

图 2-4　国家标准《建筑工程绿色施工评价标准》GB/T 50640—2010

理和技术进步，最大限度地节约资源，减少对环境负面影响的施工及生产活动（《绿色建造技术导则（试行）》建办质〔2021〕9 号）。

2. 绿色施工发展

我国绿色施工起步于 2003 年，以北京奥运场馆建设为契机，北京市政府颁布了《奥运工程绿色施工指南》，提出了奥运场馆绿色施工的建设方向，开启了以绿色贯穿建筑工程整个施工过程管理的序幕。

2007 年建设部发布了《绿色施工导则》（建筑〔2007〕223 号），明确了绿色施工原则，阐述了绿色施工的主要内容，制定了绿色施工总体框架和要点，提出了发展绿色施工的新技术、新设备、新材料、新工艺和开展绿色施工应用示范工程等。2010 年《建筑工程绿色施工评价标准》GB/T 50640—2010 发布，提出了绿色施工评价的指标体系和具体评价方法、组织和程序等，为绿色施工的策划、管理与控制提供了依据。2014 年《建筑工程绿色施工规范》GB/T 50905—2014 发布，以施工人员熟悉的分部分项工程为划分基础，分别提出绿色施工指导要求，为绿色施工的实施提供指导意见。

2010 年开始，中国建筑业协会为进一步落实国家节能减排的战略方针，引领广大建筑企业树立科学发展理念，转变发展方式，开始应用绿色施工技术，充分发挥样板工程的引领和示范作用，在全国开展了首批绿色施工示范工程创建活动。第一批“全国建筑业绿色施工示范工程”共 11 个项目，随后共开展了六批“全国建筑业绿色施工示范工程”创建，约一千多个工程立项，取得了绿色施工工程示范与引领效应。2013 年，由住房和城乡建设部建筑节能与科技司组织中国土木工程学会总工程师工作委员会、中国城市科学研究会绿色建筑与节能委员会及绿色建筑研究中心具体实施的“住房和城乡建设部绿色施工科技示范工程”也在全国绿色施工推进中发挥了重要作用，截止到 2019 年底，累计立项 700 余项。其间，河南、湖南等省份也开展了地方绿色施工示范工程的创建。目前，绿色施工的理念已逐渐深入各级施工企业和工程项目管理中，施工过程中节水、节材、节能、节地、环境保护等技术的应用，推动了合理使用和节约资源、减少建筑垃圾和污染物的排放，减少施工过程对环境的负面影响，为绿色建造的全面开展奠定了良好基础。

2.3.4　建筑垃圾减量化目标

根据《住房和城乡建设部关于推进建筑垃圾减量化的指导意见》（建质〔2020〕46 号）：

新建建筑施工现场建筑垃圾（不包括工程渣土、工程泥浆）排放量每万平方米不高于300吨，装配式建筑施工现场建筑垃圾（不包括工程渣土、工程泥浆）排放量每万平方米不高于200吨。

实际建造过程中应结合项目情况参照以上指标设立本项目建筑垃圾减量化目标，如图2-5所示为住房和城乡建设部《施工现场建筑垃圾减量化指导图册》。

图 2-5　住房和城乡建设部《施工现场建筑垃圾减量化指导图册》

1. 建筑垃圾定义

建筑垃圾是工程渣土、工程泥浆、工程垃圾、拆除垃圾和装修垃圾等的总称。包括新建、扩建、改建和拆除各类建筑物、构筑物、管网等以及居民装饰装修房屋过程中所产生的弃土、弃料及其他废弃物，不包括经检验、鉴定为危险废物的建筑垃圾（《建筑垃圾处理技术标准》CJJ/T 134—2019）。

2. 建筑垃圾减量化

建筑垃圾的减量化是指减少建筑垃圾的产生量和排放量，是对建筑垃圾的数量、体积、种类、有害物质的全面管理。具体是指在工程建设的策划、设计、施工、运维、拆除等过程中采取合理措施，从源头上减少建筑垃圾的产生。它不仅要求减少建筑垃圾的数量和体积，还包括尽可能地减少其种类，降低其有害成分的浓度，减轻或消除其危害特性等。

2007年建设部发布《绿色施工导则》首次提到了“制定建筑垃圾减量化计划，如住宅建筑，每万平方米的建筑垃圾不宜超过400吨”的指标要求。接下来的几年，随着绿色施工在我国的推进，建筑垃圾减量化的目标已提升为《住房和城乡建设部关于推进建筑垃圾减量化的指导意见》（建质〔2020〕46号）所要求的“新建建筑施工现场建筑垃圾（不包括工程渣土、工程泥浆）排放量每万平方米不高于300吨，装配式建筑施工现场建筑垃圾（不包括工程渣土、工程泥浆）排放量每万平方米不高于200吨”。

但是由于前期的建筑垃圾减量化指标是针对施工阶段提出的，因此，主要依托施工企业完成，施工企业在组织施工过程中通过优化施工组织设计、加强精细化管理、提升工程质量以及采取新技术、新工艺、新材料、新设备促进技术进步等方式方法以达到减少施工现场建筑垃圾产量的目的，在实践摸索中积累了一套行之有效的针对施工现场的建筑垃圾减量化措施。但由于垃圾减量没有涉及工程策划和设计阶段，导致减量化程度并不高，而且相关方的积极性也不高。

2.3.5 绿色建材使用率目标

现行国家标准《绿色建筑评价标准》GB/T 50378—2019 中第 7.2.18 条：

选用绿色建材，评价总分值为 12 分。绿色建材应用比例不低于 30%，得 4 分；不低于 50%，得 8 分；不低于 70%，得 12 分。

工业和信息化部、住房和城乡建设部联合发布的《促进绿色建材生产和应用行动方案》(工信部联原〔2015〕309 号)：

绿色建材应用占比稳步提高。新建建筑中绿色建材应用比例达到 30%，绿色建筑应用比例达到 50%，试点示范工程应用比例达到 70%，既有建筑改造应用比例提高到 80%。

住房和城乡建设部、国家发展改革委联合印发的《城乡建设领域碳达峰实施方案》(建标〔2022〕53 号)：

优先选用获得绿色建材认证标识的建材产品，建立政府工程采购绿色建材机制，到 2030 年星级绿色建筑全面推广绿色建材。

实际建造过程中可结合项目情况和所在地绿色建材发展水平确定适宜的绿色建材使用率目标。

1. 绿色建材

绿色建材是指在全寿命周期内可减少对天然资源消耗和减轻对生态环境影响，具有“节能、减排、安全、便利和可循环”特征的建材产品（《绿色建材评价技术导则（试行）》建科〔2015〕162 号)。

2. 绿色建材发展

我国早在 20 世纪 90 年代就开始全面地对绿色建材进行研究，在 2013 年国务院办公厅发文《绿色建筑行动方案》中提出：大力发展绿色建材，研究建立绿色建材认证制度及编制绿色建材产品目录的要求。国家高度重视发展绿色建材，2013 年 9 月，绿色建材推广和应用协调组成立；2014 年 5 月～2015 年 10 月住房和城乡建设部、工业和信息化部先后印发了《绿色建材评价标识管理办法》《促进绿色建材生产和应用行动方案》《绿色建材评价标识管理办法实施细则》和《绿色建材评价技术导则（试行）》，并针对导则涉及的预拌混凝土、预拌砂浆、砌体材料、保温材料、陶瓷砖、卫生陶瓷、建筑节能玻璃 7 类产品开展了试评价工作。2016 年 3 月，“全国绿色建材评价标识管理信息平台”正式上线运行，绿色建材标识评价工作正式启动，并于 2016 年 5 月发布了第一批绿色建材评价标识，共 32 家企业，45 种产品。全国各省市也陆续按照两部委的统一部署开展绿色建材评价工作。例如北京城市副中心、雄安新区建设中要求全部使用绿色建材，各省市也根据地方特点不同程度地响应了国家的绿色建材政策。

全国绿色建材三星级评价机构 4 家，全国一、二星级评价机构共 83 家，截至 2020 年 4 月 23 日，全国共 1317 家企业获得绿色建材评价标识，具体分布如图 2-6 所示。

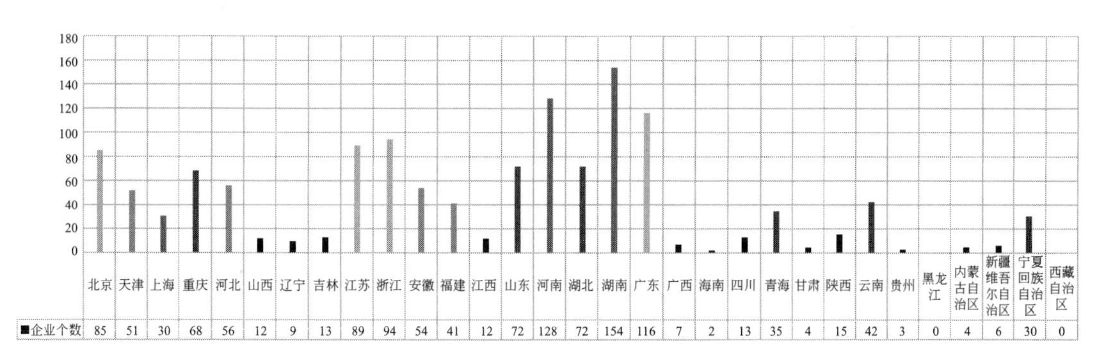

	北京	天津	上海	重庆	河北	山西	辽宁	吉林	江苏	浙江	安徽	福建	江西	山东	河南	湖北	湖南	广东	广西	海南	四川	青海	甘肃	陕西	云南	贵州	黑龙江	内蒙古自治区	新疆维吾尔自治区	宁夏回族自治区	西藏自治区
■企业个数	85	51	30	68	56	12	9	13	89	94	54	41	12	72	128	72	154	116	7	2	13	35	4	15	42	3	0	4	6	30	0

图 2-6　全国绿色建材评价标识统计

2.3.6　建筑节能目标

国家陆续发布了《严寒和寒冷地区居住建筑节能设计标准》JGJ 26—2018、《夏热冬冷地区居住建筑节能设计标准》JGJ 134—2010、《夏热冬暖地区居住建筑节能设计标准》JGJ 75—2012、《温和地区居住建筑节能设计标准》JGJ 475—2019、《公共建筑节能设计标准》GB 50189—2015（图 2-7）、《工业建筑节能设计统一标准》GB 51245—2017、《农村居住建筑节能设计标准》GB/T 50824—2013 等国家和行业标准，对建筑节能率有所规定。

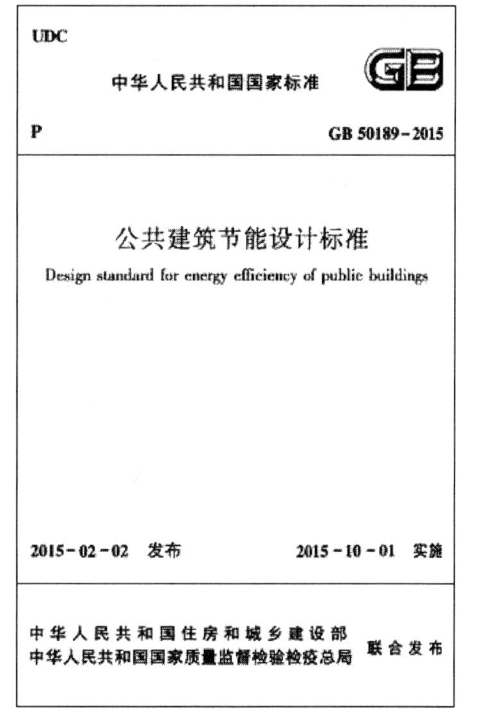
UDC

中华人民共和国国家标准

GB

P　　GB 50189-2015

公共建筑节能设计标准

Design standard for energy efficiency of public buildings

2015-02-02　发布　　2015-10-01　实施

中华人民共和国住房和城乡建设部
中华人民共和国国家质量监督检验检疫总局　联合发布

图 2-7　国家标准《公共建筑节能设计标准》GB 50189—2015

各地也结合当地地域特征有正在执行的建筑节能地方设计标准，如湖南执行的现行国家标准《建筑节能与可再生能源通用规范》GB 55015—2021、地方标准《湖南省居住建筑节能设计标准》DBJ 43/001—2017 和《湖南省公共建筑节能设计标准》DBJ 43/003—2017。

住房和城乡建设部、国家发展改革委联合印发的《城乡建设领域碳达峰实施方案》（建标〔2022〕53 号）：

2030 年前严寒、寒冷地区新建居住建筑本体达到 83%节能要求，夏热冬冷、夏热冬暖、温和地区新建居住建筑本体达到 75%节能要求，新建公共建筑本体达到 78%节能要求。

实际策划过程中应结合当地建筑节能实际情况和项目特点制定不低于当地建筑节能设计

标准的节能率目标，鼓励建造被动式超低能耗或近零能耗建筑。

1. 建筑节能

建筑节能指在建筑物的规划、设计、新建（改建、扩建）、改造和使用过程中，执行节能标准，采用节能型的技术、工艺、设备、材料和产品，提高保温隔热性能和采暖供热、空调制冷制热系统效率，加强建筑物用能系统的运行管理，利用可再生能源，在保证室内热环境质量的前提下，增大室内外能量交换热阻，以减少供热、空调制冷制热、照明、热水供应系统因大量热消耗而产生的能耗。

2. 建筑节能率

以 20 世纪 80 年代初的建筑能耗作为基准，即能耗 100%。

(1) 能耗比基准能耗降低 30%，就是“30%节能率”。

(2) 在“30%节能率”的基础上再降低能耗 30%，即 100%×70%×70%=49%，100%－49%=51%，接近 50%，这就是“50%节能率”的由来。

(3) 在“50%节能率”的基础上再降低能耗 30%，即 100%×70%×70%×70%=34.3%，100%－34.3%=65.7%，接近 65%，这就是“65%节能率”的由来。

(4) 在“65%节能率”的基础上再降低能耗 30%，即 100%×70%×70%×70%×70%=24.01%，100%－24.01%=75.99%，这就是“75%节能率”的由来，目前北京、山东等地实行 75%的节能率。

(5) 在“75%节能率”的基础上，将建筑节能率进一步提高到 82.5%。达到这一目标的建筑可以称为“超低能耗建筑”。

(6) 进一步提高建筑配置，将建筑节能率提升到 86%，也就是说能耗水平相当于 20 世纪 80 年代初的 14%。达到这一目标的建筑可以称为“近零能耗建筑”。

(7) 在“近零能耗建筑”的配置基础上，提高太阳能、风能等低碳可再生能源的利用率，实现某种程度上的能源自足，也就是说，实现了建筑能耗与其自身产能的平衡。那么，建筑节能率相当于从 86%提高到 100%，也就是说，能耗水平从相当于 20 世纪 80 年代初建筑能耗的 14%，进一步降低到“零能耗”。这种建筑我们可以称为“零能耗建筑”。

3. 建筑节能发展

为了缓解能源供应和经济发展不协调的矛盾，我国 20 世纪 80 年代开始实施第一步建筑节能，节能率 30%；1995 年开始实施第二步节能，节能率 50%；2010 年前后开始实施第三步节能，节能率 65%，有些地区实施第四步节能，节能率 75%；一些先进省份已经部署第五步节能，节能率约 82%，有些地区也开展了低能耗和近零能耗建筑的研究，建筑节能的实施为建筑业节能减排打下了坚实基础。

1986 年我国颁布《北方地区居住建筑节能设计标准》，启动了建筑节能政策、标准编制工作。1997 年我国颁布实施了《中华人民共和国节约能源法》，2005 年又颁布实施了《中华人民共和国可再生能源法》，这两部法律中都包含了关于建筑节能的法律性条文。十余年来，住房和城乡建设部又颁布了《民用建筑节能管理规定》《关于发展节能省地型住宅和公共建筑的指导意见》《关于新建居住建筑严格执行节能设计标准的通知》《建筑节能管理条例》等一系列的法规制度；同时陆续发布实施了《严寒和寒冷地区居住建筑节能设计标准》JGJ 26—2018、《夏热冬冷地区居住建筑节能设计标准》JGJ 134—2010、《夏热冬暖地区居住建筑节能设计标准》JGJ 75—2012、《温和地区居住建筑节能设计标准》JGJ 475—2019、《公共建筑节能设计标准》GB 50189—2015、《工业建筑节能设计统一标准》GB 51245—2017、《农村居住建筑节能设计标准》GB/T 50824—2013 等国家和行业标准，各省市也纷纷结合当地实际发布了节能设计地方标准，如《湖南省居住建筑节能设计标准》DBJ 43/001—2017、《公共建筑节能设计标准》DB 11/687—2015 等。

2021 年，国家强制规范《建筑节能与可再生能源利用通用规范》GB 55015—2021 发布，对新建建筑节能设计、既有建筑节能改造设计以及节能工程施工、调试、验收与运行管理进行约束，该规范具有强制约束力，工程建设项目建设活动全过程中必须严格执行。

2.3.7　建筑工业化目标

现行国家标准《装配式建筑评价标准》GB/T 51129—2017 对建筑装配率计算有明确的规定，按主体结构、围护墙和内隔墙、装修和设备管线三大部分进行分值比例计算，如图 2-8 所示。

住房和城乡建设部、国家发展改革委联合印发的《城乡建设领域碳达峰实施方案》（建标〔2022〕53 号）：

大力发展装配式建筑，推广钢结构住宅，到 2030 年装配式建筑占当年城镇新建建筑的比例达到 40%。

实际策划时应结合项目情况，因地制宜地尽可能选取原材料、结构构件、部品部件等在工厂加工制作、现场安装的工业化生产模式，提高建筑工业化率。

UDC
中华人民共和国国家标准　GB
P　GB/T 51129-2017
装配式建筑评价标准
Standard for assessment of prefabricated building
2017-12-12　发布　2018-02-01　实施
中华人民共和国住房和城乡建设部
中华人民共和国国家质量监督检验检疫总局　联合发布

图 2-8　国家标准《装配式建筑评价标准》GB/T 51129—2017

1. 装配式建筑

由预制部品部件在工地装配而成的建筑（《装配式建筑评价标准》GB/T 51129—2017）。

2. 建筑工业化

指通过现代化的制造、运输、安装和科学管理的生产方式，来代替传统建筑业中分散的、低水平的、低效率的手工业生产方式。它的主要标志是建筑设计标准化、构配件生产工厂化、施工机械化和组织管理科学化。

3. 建筑工业化发展

我国建筑工业化始于 20 世纪 50 年代，在苏联建筑工业化影响下，我国建筑行业开始走预制装配的建筑工业化道路，发展装配式建筑与国家推进建筑工业化和住宅产业现代化是一脉相承的。1956 年，国务院发布了《关于加强和发展建筑工业的决定》，首次提出了建筑工业化。20世纪70～80年代，在部分城市建设了一批大板建筑，预制构件的应用得到了长足发展，形成了多种装配式体系。1999年，国务院办公厅发布了《关于推进住宅产业现代化提高住宅质量的若干意见》，提出推进住宅产业化发展的理念。李克强总理在2015年12月的中央城市工作会议上提出“要大力推动建造方式创新，以推广装配式建筑为重点，通过标准化设计、工厂化生产、装配化施工、一体化装修、信息化管理、智能化应用，促进建筑产业转型升级”。2013年住房和城乡建设部印发《“十二五”绿色建筑和绿色生态区域发展规划》提出推动装配式建筑规模化发展；2016年国务院发布《中共中央国务院关于进一步加强城市规划建设管理工作的若干意见》提出力争用10年左右时间，使装配式建筑占新建建筑比例达到30%；2016年住房和城乡建设部发布《装配式混凝土建筑工程施工前设计文件技术审查要点》；2017年住房和城乡建设部印发《“十三五”装配式建筑行动方案》，提出到2020年全国装配式建筑占新建建筑比例达到15%以上，其中重点推进地区、积极推进地区和鼓励推进地区分别大于20%、15%和10%；2018年国务院发布《打赢蓝天保卫战三年行动计划》，提出因地制宜稳步发展装配式建筑；2019年住房和城乡建设部建设市场监管司发布“2019工作要点”，提出选择部分地区开展钢结构装配式住宅建设试点。这一系列重要文件的实施，标志着我国装配式建筑迎来了新的发展机遇。

2017年，国家标准《装配式建筑评价标准》GB/T 51129—2017颁布实施，住房和城乡建设部公布了首批30个装配式建筑示范城市，公布了195个装配式产业基地，涉及27个省（区、市），产业类型涵盖设计、生产、施工、装备制造、运行维护和科技研发等全产业链，这也标志着装配式建筑从试点示范走向全面发展期。全国装配式建筑整体面积由2016年开始过1亿m^2至2017年达到1.6亿m^2，2018年达到2.9亿m^2，实现逐年稳步上升。

2.3.8 信息化管理目标

鼓励BIM技术在策划、设计、施工、交付环节使用，鼓励在上述环节采用基于统一数据及接口标准的信息管理平台，实现各参与方、各阶段之间的信息共享和数据传递。

除BIM外，鼓励结合项目实际因地制宜地采用智慧工地、5G技术、物联网技术、区块链技术、人工智能技术、建筑机器人技术等信息化技术。

1. 建筑信息化

指运用信息技术，特别是计算机技术、网络技术、通信技术、控制技术、系统集成技术和信息安全技术等，改造和提升建筑业技术手段和生产组织方式，提高建筑企业经营管理水平和核心竞争能力，提高建筑业主管部门的管理、决策和服务水平。具体来看，根据住建部印发的《2016—2020年建筑业信息化发展纲要》，建筑行业中企业信息化主要包括勘察设计企业信息化、施工企业信息化和工程总承包类企业信息化。

2. 建筑信息化发展

我国对建造过程的信息技术应用和研究，开始于20世纪80年代末。最初的研究在信息技术方面取得了一些成果，主要以实现电子图纸和信息化项目管理系统为主。进入21

世纪以来，智能化技术在我国迅速发展，在许多重点项目上取得了成果。

建筑信息模型（BIM）技术开始全面进入设计和施工管理过程，图像识别摄像头、无人机、施工机器人、智能加工生产线等一大批信息化设备不断投入使用，极大提高了智慧建造水平。信息技术虽然有了较大提高，但总体上还处于初步发展阶段，处于跟着发达国家走的状态，存在技术应用比较单一、创新不强、推进环境尚未形成等问题。

2003 年原建设部颁布了《2003～2008 年全国建筑业信息化发展规划纲要》提出我国要运用信息技术实现建筑业跨越式发展的要求。2000 年的“甩图板”运动使得 CAD 技术实现了从手工画图到自动化的革命，2003 年参与“水立方”建设的 BIM 技术开启了我国从自动化到信息化的转变。目前，我国仍处于 BIM 技术的推广应用阶段，同时以网络平台和电子商务为基础的网络化发展阶段也已开启，与信息化同步发展。

2.4　确定项目管理模式

绿色建造推荐工程总承包、全过程咨询或建筑师负责制等集约化管理模式，在策划阶段应根据项目实际明确具体采用哪种项目管理模式。

2.4.1　工程总承包

传统模式工程组织运作机制决定了设计、施工分立，二者不能整合为一个利益主体，不能够全过程系统性保障工程建造活动的绿色化，最终导致项目突破概算、超期严重，成本难以有效控制，造成公共资产浪费。

工程总承包是指从事工程总承包的企业按照与建设单位签订的合同，对工程项目的设计、采购、施工等实行全过程的承包，并对工程的质量、安全、环保、工期和造价等全面负责的承包方式。在实践中，总承包商往往会根据其丰富的项目管理经验，工程项目的规模、类型和业主要求，将设备采购（制造）、施工及安装等工作全部完成或采用分包的形式与专业分包商合作完成。

工程总承包主要模式包括：设计-采购-施工总承包模式 Engineering procurement Construction，EPC，即总承包单位承揽整个建设工程的设计、采购、施工，并对所承包的建设工程的质量、安全、工期、造价等全面负责的建设工程承包模式；设计—施工总承包模式（Design Bid，D-B），即建设单位将设计和建造的任务给同一个总承包商，承包商负责组织项目的设计和施工；需要进一步关注特殊目的的载体（Special Purpose Vehicle，SPV）模式，即联合投资方负责项目的投资-建设-运营全链条业务，打破“投资人不管建设、建设者不去使用”的传统模式。

工程总承包发挥责任主体单一的优势，明晰责任，由工程总承包企业对项目整体目标包括建筑垃圾减量化目标全面负责，发挥技术和管理优势，实现设计、采购、施工等各阶段工作的深度融合和资源的高效配置，实现工程建设高度组织化，提高工程建设水平与节约资源、保护环境的水平。从项目整体角度出发，统筹协调，在设计阶段就充分考虑建筑垃圾减量化的可行性，开展绿色设计和精细化设计，对建筑垃圾减量化措施进行技术经济分析，通过设计和施工的合理交叉缩短建设工期，提高工程建设效益。工程总承包方必须对工程的资源节约、保护环境、质量、安全负总责，在管理机制上保障环境友好、质量、安全管理体系的全覆盖和严落实，并且借助于BIM技术的全过程信息共享优势，统筹设计、采购、加工、施工的一体化建造，有效避免工程建设过程中的“错漏碰缺”问题，减少返工造成的资源浪费和垃圾产生，全面环境友好、提升工程质量、确保安全生产。工程总承包打通项目策划、设计、采购、生产、装配和运输全产业链条，在每个分项、每个阶段、每个流程统筹考虑项目的建造要求，避免各自为战、互不协同，实现工程建造过程绿色化。

图2-9　国家标准《建设项目工程总承包管理规范》GB/T 50358—2017

工程总承包模式打通了项目全产业链条，建立了技术协同标准和管理平台，可以更好地从资源配置上形成工程总承包统筹引领、各专业公司配合协同的完整绿色产业链，有效发挥社会大生产中市场各方主体的作用，并带动社会相关产业和行业的发展，有力提升建造地资源节约与保护环境水平，从源头实现建筑垃圾减量。

现行国家标准《建设项目工程总承包管理规范》GB/T 50358—2017中对“工程总承包”的定义为：依据合同约定对建设项目的设计、采购、施工和试运行实行全过程或若干阶段的承包，如图2-9所示。

2019年住房和城乡建设部、国家发展改革委联合发布《关于印发房屋建筑和市政基础设施项目工程总承包管理办法的通知》（建市规〔2019〕12号）中“工程总承包”是指承包单位按照与建设单位签订的合同，对工程设计、采购、施工或者设计、施工等阶段实行总承包，并对工程的质量、安全、工期和造价等全面负责的工程建设组织实施方式，如图2-10所示。

图2-10　工程总承包组织机构示意图

2.4.2　全过程咨询

在我国，“制度性分割”使工程咨询服务呈现“碎片化”，建设工程超预算、超投资、超标准的情况时有发生，造成社会资源的极大浪费，实现项目的整体环境友好更是难上加难。如何整合各类专项咨询并贯穿项目建设全过程，围绕项目目标管控提供咨询服务，成为一项摆在中国建筑行业面前的新课题。

2017 年国务院明确提出推广全过程工程咨询，全过程工程咨询实行全过程整体咨询集成，改变工程咨询碎片化状况，对工程建设项目前期研究和决策以及工程项目实施和运营的全寿命周期提供包含设计在内的涉及组织、管理、经济、技术和环保等各有关方面的工程咨询服务，服务内容涉及建设工程全寿命周期内的策划咨询、前期可研、工程设计、招标代理、造价咨询、工程监理、施工前期准备、施工过程管理、竣工验收等各个阶段的管理服务。

全过程工程咨询服务是深化我国工程建设项目组织实施方式的改革，是开展绿色建造的有效组织方式，对实现绿色建造内涵丰富的各项目标起到保障作用。

全过程工程咨询服务可由一家具有综合能力的咨询单位实施，也可由多家具有投资咨询、招标代理、勘察、设计、监理、造价、项目管理等不同能力的咨询单位联合实施。全过程工程咨询要打通立项、规划、勘察、设计、监理、施工各个相对分割的建设环节，对项目统一管理和负责；全过程工程咨询服务还通过全过程整体统筹，综合考虑项目质量、安全、节约、环保、经济、工期等目标，在节约投资成本的同时缩短项目工期，提高服务质量和环保品质，有效规避风险，提升投资决策综合性工程咨询水平。要着眼客户长远利益，发挥专业化、集成化、前置化优势，为建设单位节约工程造价、提升工程质量及环保品质，降低建设单位主体责任风险。激发承包商的主动性、积极性和创造性，促进新技术、新工艺和新方法的应用以及工业化与信息化的融合。

鼓励投资咨询、勘察、设计、监理、招标代理、造价等企业采取联合经营、并购重组等方式发展全过程工程咨询，培育一批具有国际水平的全过程工程咨询企业。全过程咨询是打通策划、设计、施工各环节之间壁垒的一种新型组织方式，其作用与工程总承包类似，致力于打通项目建造过程全产业链条，以全过程咨询团队为平台，提高各环节技术协同程度，从建筑全寿命周期统筹考虑各阶段的资源配置和协同管理，有效提升建造的资源节约与保护环境水平。

2019 年，国家发展改革委、住房和城乡建设部《关于推进全过程工程咨询服务发展的指导意见》（发改投资规〔2019〕515 号）要求“重点培育发展投资决策综合性咨询和工程建设全过程咨询”。

（1）投资决策综合性咨询：鼓励投资者在投资决策环节委托工程咨询单位提供综合性咨询服务，统筹考虑影响项目可行性的各种因素，增强决策论证的协调性。综合性工程咨询单位接受投资者委托，就投资项目的市场、技术、经济、生态环境、能源、资源、安全等影响可行性的要素，结合国家、地区、行业发展规划及相关重大专项建设规划、产业政策、技术标准及相关审批要求进行分析研究和论证，为投资者提供决策依据和建议。

（2）工程建设全过程咨询：在房屋建筑、市政基础设施等工程建设中，鼓励建设单位委托咨询单位提供招标代理、勘察、设计、监理、造价、项目管理等全过程咨询服务，满足建设单位一体化服务需求，增强工程建设过程的协同性。全过程咨询单位应当以工程质量和安全为前提，帮助建设单位提高建设效率、节约建设资金，如图 2-11 所示。

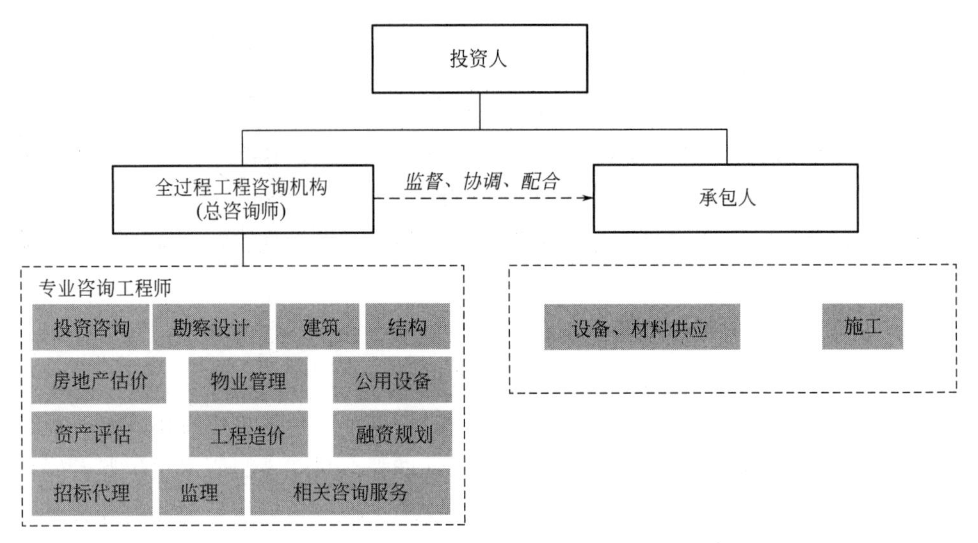

图 2-11　全过程咨询组织机构示意图

2.4.3　建筑师负责制

建筑师负责制是指以担任建筑工程项目设计主持人或设计总负责人的注册建筑师为核心的设计团队，其依托所在的设计企业为责任主体，受建设单位委托，在工程建设中，从设计总包开始，由建筑师统筹协调建筑、结构、机电、环境、景观等各专业设计，包含参与规划、提出策划、完成设计、监管施工、指导运营、延续更新、辅助拆除等多个方面，在此基础上延伸建筑师服务范围，按照权责一致的原则，鼓励建筑师依据合同约定提供项目策划、技术顾问咨询、施工指导监督和后期跟踪等服务。

在国际领域中，建筑师负责制是一个通行的建筑项目管理措施，其强调：建筑师务必要在整个环节具备核心地位。近期在住房和城乡建设部发布的《关于在民用建筑工程中推行建筑师负责制的指导意见（征求意见稿）》中，明确了要充分发挥建筑师主导作用，鼓励提供全过程咨询服务，明确建筑师权力和责任，提高建筑师地位，提升建筑设计供给体系质量和建筑设计品质，增强核心竞争力，满足“中国设计”走出去和参与“一带一路”国际合作的需要。

概括来说，建筑师要提供的服务包含：参与规划、提出策划、完成设计、监督施工、指导运维、更新改造、辅助拆除。其对应的服务阶段有：项目设计、施工管理、后续技术指导等。

（1）项目设计：该阶段需要由建筑师对整个设计团队进行领导与管理，明确相关专业设计、咨询机构的具体责任范畴，综合协调把控幕墙、装饰、景观、照明等专项设计、审核承包商完成的施工图深化设计。根据传统项目来看，覆盖不同设计部门的设计机构管理领导的管理工作是由建设方负责，并且对施工期间的每一个环节进行组织、管理与调配，其职责就好比是一个设计总监。由此来看，基于建筑师负责制下的建筑师在项目设计期间，必然具备绝对的经建设方赋予的管理权、决策权、领导权。

（2）监督施工：除了项目设计的编撰、变更与完善之外，基于建筑师负责制下的建筑师也需要对项目招投标、施工监督、工程竣工验收等负责。

① 项目招投标。递交设计施工图后，接着便是施工、建材、设备招投标工作。其在建筑师负责制中是建筑师在施工期间处理的第一个任务。具体内容是指：编撰或审核招标技术文件、明确招投标设计交底与说明、参与招投标的技术评选。

在编撰招标技术文件时，最先按照项目特征，科学设计招投标分项计划。普通建筑项目招投标包括五大内容，即总包、土建、机电装备、装饰、景观。该文件是建筑师及其他设计师对工程设计的一个设计技术规范及标准的有效遵循，它会对项目施工质量造成直接影响。另外，对于招标技术文件来说，其能够贯穿建筑师的设计理念及对该项目在质量、材料、标准等方面的相关要求。所以，对于项目招投标条件来说，不仅要遵循国家及地方的相关政策要求，而且要遵循工程设计要求。在具体施工期间，一定要在建筑师的监管下，认真按照施工图的相关技术要求进行建设。

② 监督施工。在施工期间，建筑师承担的责任更加重大，责任之一就是要对施工合同进行科学管理。在这一过程中，建筑师的工作职责是指：监督总承包商、分包商、供应商和制定服务商履行合同，并监督工程建设项目按照设计文件要求进行施工，协调组织工程验收服务。

明确施工指令、核查施工方案、了解施工进度、审核原材料采购、审核深化建设、审核已经竣工的建筑物的建设质量、审核签发项目款等。对于传统施工工程来说，一般是需要经建设方进行牵头管理与解决，不过在建筑师负责制中，建筑师必须承担主要监督责任，替建设方严把质量关。

③ 工程竣工验收。待项目竣工后，建筑师协助组织工程验收工作非常重要。建筑师需根据设计图纸逐一开展验收工程。这也是建筑师审核签发施工单位项目工程款的一个重要环节。竣工验收过程中，协助对最终的竣工图进行核查与验收，协助建设方进行完整、有效的资料存档。

（3）后期技术指导：基于建筑师负责制下工程投入施工后的运维指导、更新改造、辅助拆除都属于后续技术指导的一个环节。运维指导的服务内容为：组织编制建筑使用说明书，督促、核查承包商编制房屋维修手册，指导编制使用后维护计划。对于绿色建筑还可包含绿色建筑运维评价和星级评定申报。更新改造的服务内容为：参与制定建筑更新改造、扩建及翻新计划，为实施城市修补、城市更新和生态修复提供设计咨询管理服务。辅助拆除的服务内容为：提供建筑全寿命周期提示制度，协助专业拆除公司制定建筑安全绿色拆除方案，结合城市要求指导拆除建筑垃圾分类及资源化、无害化处理方案编制等。

建筑师负责制本质上是以建筑师为载体的全过程工程咨询的一种特殊表达形式，依靠建筑师的专业知识和工程的设计理念为基础，在全过程工程咨询的基础上增加了设计各专业协同设计的更高要求。但建筑师负责制也给建筑师提出了更高的要求：其必须站在建筑全寿命周期的高度统筹建筑设计、施工、运维和拆除。建筑师负责制赋予建筑师在工程施工阶段至关重要的领导角色，建筑师全权履行建设单位赋予的领导权力，负责施工招投标、管理施工合同、监督现场施工、主持工程验收、跟踪工程质量保障等工作，担当起对工程质量、进度、环保、投资控制、建筑品质总负责的责任，最终将符合建设单位要求的建筑作品和工程完整地交付建设单位。

2017年，住房和城乡建设部《关于征求在民用建筑工程中推进建筑师负责制指导意见（征求意见稿）意见的函》（建市设函〔2017〕62号）中，“建筑师负责制”是以担任民用建筑工程项目设计主持人或设计总负责人的注册建筑师为核心的设计团队，依托所在的设计企业为实施主体，依据合同约定，对民用建筑工程全过程或部分阶段提供全寿命周期设计咨询管理服务，最终将符合建设单位要求的建筑产品和服务交付给建设单位的一种工作模式。建筑师负责制中建筑师依托所在设计企业，依据合同约定，可以提供工程建设全过程或部分以下服务内容：参与规划、提出策划、完成设计、监督施工、指导运维、更新改造、辅助拆除，如图2-12所示。

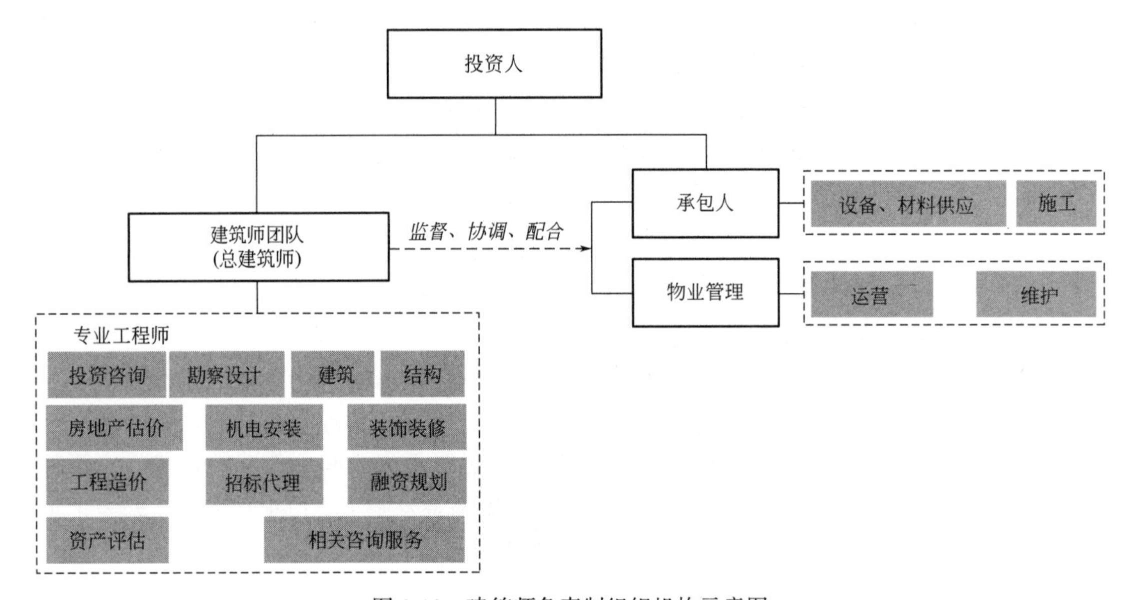

图2-12　建筑师负责制组织机构示意图

2.4.4　政府工程集中建设模式

政府工程集中建设模式指政府投资建设项目由政府成立专门机构承担工程建设任务，政府职能部门代理政府（业主）与项目建设方签订市场合同并管理和监督项目全过程，项目建成后交付项目使用单位使用的行为。

政府工程集中建设模式有利于绿色建造的开展。政府工程集中建设模式将政府投资工程的所有者权力和所有者代理人的权力分开，投资决策与决策执行分开、政府公共管理职能与项目业主职能分开。政府投资工程项目由稳定、专业的机构集中统一组织实施，而不是由类似项目指挥部的临时成立而项目建成后即解散的临时机构进行分散建设。对政府投资工程进行集中管理就要对政府投资工程的建设实施进行相对集中的专业化管理，通过相对稳定的机构和管理人员，代表政府履行业主职能，落实工程质量终身责任制以及环境友好的职责。同时要权责明确，项目审批部门根据前期审批事项，核准项目建设和资金使用计划，财政部门按照工程进度和资金使用计划管理、拨付工程款项，发改、审计、监察等部门发挥职能作用，对项目实施强有力的外部监督。要清晰界定执行部门职能，以合理的权力分流来避免事权的垄断，以充分利用市场的竞争机制降低投资、提高质量。要加大集中建设管理部门在专业领域的自主权，并赋予一定自由裁量权，以及更灵活的内部管理方式，防止个人舞弊，同时明确责任，保证效率。还要建立规范系统的项目管理制度和程序，并且通过持续不断的项目管理实践，日益累积管理经验，全方位保障工程项目的建设品质和水平。

政府工程集中建设模式有利于实现工程项目管理的专业化，提升工程建设品质和水平；有利于系统性、连贯性地响应绿色建造目标并进行贯彻执行；有利于约束使用单位内在的扩张冲动，避免使用单位出于自身利益需要而扩大项目建设规模、提高建设标准、不顾环保要求，从而有效控制项目投资及建设规模；有利于加强对集中建设项目的统一监管，实现全方位的管控，从源头上预防和治理工程建设领域的腐败问题，从体制机制上加强对政府投资工程项目的有效监管。

政府工程集中管理模式是行政体制改革的一项重要内容，一些地区积极推进并取得了很好的效果。建筑工务处以政府机构的身份实施集中建设，其经费由市财政全额拨付，不收取任何费用。建筑工务处管建不管钱，工程款由财政直接审核支付，所有重大招标采购行为由纪检部门派驻场监察全程监督，所有工程结算都由审计负责定案。例如江苏省张家港市政府投资工程由政府专门机构建筑工务处集中建设，相关行政主管部门全程参与，采用投资、建设、管理、使用主体分离的组织实施方式，形成了“工程高度集中，权力高度分散”的权力配置体制。如2010年张家港市建筑工务处被江苏省住房和城乡建设厅授予首个“政府投资工程集中建设示范单位”称号。

2.5 确定项目组织管理机构

绿色策划的组织管理机构由建设单位主导建立，各主要参与单位共同参与。组织管理机构中应明确各阶段、专业负责单位与负责人（或联系人）。

绿色策划阶段应根据确定的管理模式确定项目组织管理机构，并明确各方主体的工作任务及职责，以项目管理文件的形式正式发布。

组织在职务范围、责任、权利等方面所形成的结构体系就是组织管理机构。组织管理机构本质上是项目组织内各组成机构的分工协作关系，内涵是各组成机构在职、责、权方面的结构体系。管理能否满足项目建造的需求，首先表现在“组织”和“岗位”的设立方面。项目组织管理机构应满足以下三个基本需求。

（1）明确每个组成机构的责任。

（2）规定每个组成机构之间的关系。

（3）调动每个组成机构及相关人员的积极性。

项目组织管理机构主要内容应包括。

（1）职能结构：完成项目目标所需的各项业务工作及其比例关系。

（2）层次结构：各管理层次的构成，为组织管理机构的纵向结构。

（3）部门结构：各管理部门的构成，为组织管理机构的横向结构。

（4）职权结构：各层次、各部门在权力和责任方面的分工及相互关系。

2.5.1 确定职能结构

根据项目具体采取的管理模式（工程总承包、全过程咨询、建筑师负责制、政府工程集中建设模式）确定项目全寿命周期总的职能结构及各职能机构的牵头单位或组织，明确各职能机构需完成的工作任务和各项指标等。

2.5.2 确定层次结构

通常将项目决策层作为首层，项目执行层作为第二层，绿色建造的运行阶段（策划、设计、施工、交付）作为第三层，再往下根据各阶段的管理需要划分更多层次。

2.5.3 确定部门职责

对每个层级中的部门确立部门职责，明确部门职、责、权，并同时对部门内人员岗位制定职责，同样明确个人职、责、权。

同时应确定各层次、各部门在权力和责任方面的分工及相互关系。

2.5.4 确定运行机制

良好的运行机制是确保组织管理机构有效运行的基础。应建立纵向和横向多维运行机制，并包含特殊情况的应急运行方案。

2.5.5 建立协同机制

应建立组织管理机构各管理部门之间的协同管理机制，确保信息传达畅通，协同合作顺利。

2.6 编制绿色策划方案

建设单位应在项目立项阶段组织编制项目绿色策划方案，作为项目绿色建造实施的总纲领性文件，项目各参与方应遵照执行。绿色策划方案应由建设单位组织各主要参与单位，围绕既定的绿色建造指标协作编写。方案的内容应基于项目策划中关于项目建设期的环境调查和分析、项目目标、实施的组织策划、管理策划、经济策划、技术策划、风险分析等内容。

2.6.1 绿色策划方案要求

（1）应明确绿色建造总体目标和资源节约、环境保护、减少碳排放、品质提升、职业健康安全等分项目标，应包括绿色设计策划、绿色施工策划、绿色交付策划等内容。

（2）应因地制宜地对建造全过程、全要素进行统筹，明确绿色建造实施路径，体现绿色化、工业化、信息化、集约化和产业化特征。

（3）应确定项目定位和组织架构，明确各阶段的主要控制指标，进行综合成本与效益分析，制订主要工作计划。

（4）应统筹设计、构件部品部件生产运输、施工安装和运营维护管理，推进产业链上下游资源共享、系统集成和联动发展。

（5）宜制定合理的减排方案，建立碳排放管理体系，并应明确建筑垃圾减量化等目标。

（6）宜推动全过程数字化、网络化、智能化技术应用，积极采用 BIM 技术，利用基于统一数据及接口标准的信息管理平台，支撑各参与方、各阶段的信息共享与传递。

（7）宜结合工程实际情况，综合考虑技术水平、成本投入与效益产出等因素，确定智能制造、新型建筑工业化的应用目标和实施路径。

2.6.2　绿色策划方案内容

绿色策划需要明确绿色建造最终产品的总体性能及主要指标，例如，最终产品的绿色建筑等级、装配率等。首先，对工程的生态、节约、性能、品质、效率、质量、安全、进度、成本、人文等要求进行全要素一体化统筹与平衡，确定绿色建造过程的总体目标和分阶段目标；其次，需要选择制定采取怎样的绿色实施路线，建立怎样的绿色产业链来支撑绿色建造的开展；最后，需要制定设计、施工、运营相关阶段绿色建造控制要点和量化指标。

绿色策划方案宜包含以下内容：

（1）概况分析。

（2）建造总目标及分项目标。

（3）组织模式及各方职责。

（4）“绿色化、工业化、信息化、集约化、产业化”实施路径。

（5）进度计划。

（6）成本效益分析。

（7）保障措施。

2.6.3　“绿色化、工业化、信息化、集约化、产业化”实施路径

1. 绿色化

建造全过程绿色化，即绿色策划、绿色设计、绿色施工、绿色交付乃至绿色运营、绿色拆除。在建筑全寿命周期内贯穿“节约资源、保护环境”理念，以提高建筑绿色性能，打造绿色建筑为目的，如图 2-13 所示。

2. 工业化

结合项目实际，因地制宜地将建筑材料、结构构件、部品部件、装修部品等在工厂加工制作好后运至施工现场安装完成，在保证质量、安全、性能的前提下，尽可能减少施工现场作业量。

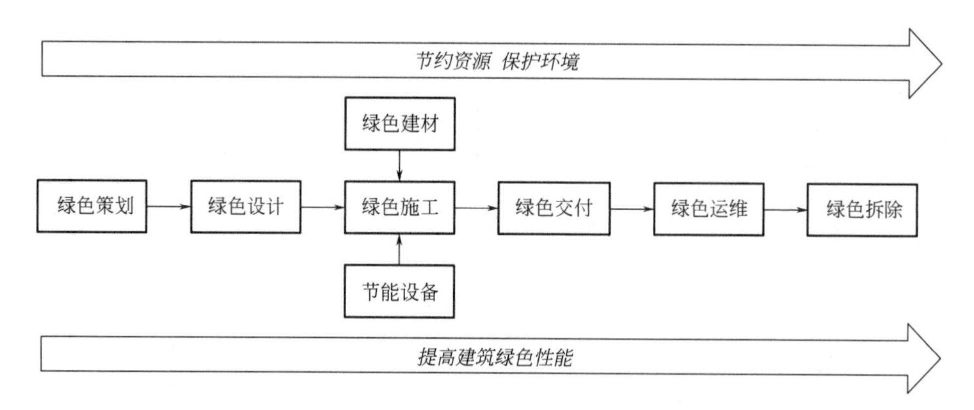

图 2-13　全过程绿色化路径示意图

（1）建筑材料工业化：建筑材料工业化是指传统施工在现场加工的建筑材料，如混凝土、砂浆、钢筋、门窗等，在工厂加工完成后，运至施工现场直接使用。如混凝土采用集中搅拌预拌混凝土；砂浆采用预拌砂浆；钢筋采用集中加工成型钢筋；门窗采用成品门窗，如图 2-14～图 2-17 所示。

图 2-14　混凝土集中搅拌

图 2-15　预拌干混砂浆

图 2-16　钢筋集中加工

图 2-17　成品门窗加工

（2）结构构件工业化：结构构件工业化是指结构柱、梁、板、剪力墙采用工厂化制作的预制构件，运至施工现场安装，如图2-18～图2-21所示。

图2-18 预制柱

图2-19 预制梁

图2-20 预制剪力墙

图2-21 预制叠合板

（3）部品部件工业化：部品部件工业化是指非结构构件的楼梯、雨篷、阳台、电梯井、管道井、自承重墙等采用工厂化制作，运至施工现场安装的作业形式，如图2-22～图2-26所示。

图2-22 预制楼梯

图2-23 预制阳台

图 2-24 预制电梯井

图 2-25 预制管道井

(4) 装修部品工业化：装修部品工业化是指装饰装修的部品部件尽可能采用工厂化加工，现场拼装。同时提倡集成化装修，如集成厨房、集成卫生间、集成管道井等。

① 集成厨房：楼地面、吊顶、墙面、橱柜和厨房设备及管线等通过设计集成、工厂生产，在现场主要采用干式工法装配而成的厨房，如图 2-27 所示（《湖南省住宅建筑室内装配式装修工程技术标准》DBJ 43/T362—2020）。

图 2-26 ALC 条板

图 2-27 集成厨房

② 集成卫生间：楼地面、墙面、吊顶和洁具设备及管线等通过设计集成、工厂生产，在现场主要采用干式工法装配而成的卫生间，如图 2-28、图 2-29 所示（《湖南省住宅建筑室内装配式装修工程技术标准》DBJ 43/T362—2020）。

(5) 模块化建筑：模块化建筑是一种新兴的建筑结构体系，该体系是以每个房间作为一个模块单元，均在工厂中进行预制生产，完成后运输至现场并通过可靠的连接方式组装成为建筑整体，如图 2-30、图 2-31 所示。

3. 信息化

建筑信息化目前是以 BIM 技术为代表。

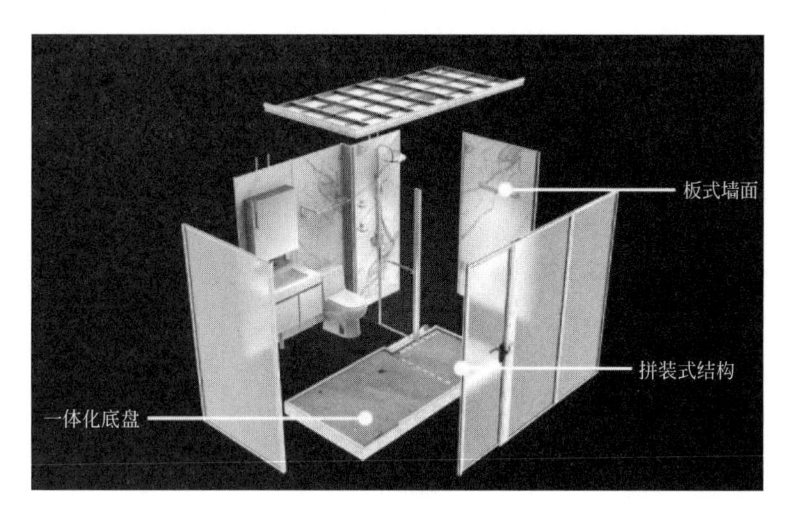

图 2-28　集成卫生间

图 2-29　装配式隔墙

图 2-30　模块化建筑（一）

图 2-31　模块化建筑（二）

BIM 是指在建筑工程及设施全寿命期内，对其物理和功能特性进行数字化表达，并依此设计、施工、运营的过程和结果的总称（《绿色建造技术导则（试行）》建办质〔2021〕9 号）。

BIM 是以三维数字技术为基础，集成了建筑工程项目各种相关信息的工程数据模型；模型承载着各种数据贯穿了项目的整个寿命周期，在项目的不同阶段，不同利益相关方通过各种 BIM 软件提取、导入、更新和修改工程模型信息，来完成各自的交互作业，实现 BIM 真正意义上的数据信息传递。BIM 作为一种新的技术和工作组织方式，是在工程建设规划、设计、建造、使用的全过程中，运用全方位、多维、共享的数字化方法，搭建统一的信息平台，使工程建设的参与者在建筑全寿命周期中对其状态有效施加影响，并对这种影响负责。BIM 使参与其中的企业能更有效地控制成本、质量和时间进度，减少浪费和无效行为，降低各种风险。

绿色建造要求采用 BIM 正向设计。

BIM 正向设计：指在项目从草图设计阶段至交付阶段全部过程都是由 BIM 三维模型完成。简单来说就是直接在三维环境里进行设计，利用三维模型和其中的信息，自动生成所需要的图档，模型数据信息一致完整，并可后续传递，如图 2-32 所示。

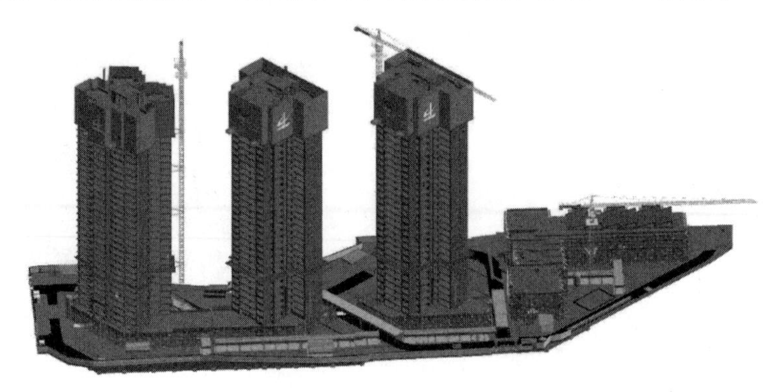

图 2-32　BIM 技术示意图

BIM 正向设计的特点：

（1）BIM 模型的创建，依据的是设计意图而非成品或半成品的图纸。

（2）BIM 模型作为首选项，进行设计的性能指标计算、设计推演和合规。

（3）BIM 模型作为主要的成果载体，进行交互和阶段交付。

（4）BIM 模型中包含设计相关信息，其信息的价值量大于图形的价值量。

（5）BIM 模型作为核心模型，可直接或间接用于多种 BIM 应用，并可以从应用中获得直接或间接的回馈，用以丰富和优化 BIM 模型。

（6）BIM 模型具有可传递性，可在原模型的基础上优化，可用于后续阶段，而不是重新建模。

但建筑信息化并不仅仅指 BIM，还包括大数据、云计算、物联网、移动通信等信息化技术。

（1）大数据：大数据是指无法在一定时间范围内用常规软件工具进行捕捉、管理和处理的数据集合，是需要新处理模式才能具有更强的决策力、洞察发现力和流程优化能力的海量、高增长率和多样化的信息资产（百度百科）。

（2）云计算：云计算是分布式计算的一种，指的是通过网络“云”将巨大的数据计算处理程序分解成无数个小程序，然后通过多部服务器组成的系统进行处理和分析这些小程序，得到结果并返回给用户（百度百科）。

（3）物联网：物联网是指通过信息传感设备，按约定的协议，将任何物体与网络相连接，物体通过信息传播媒介进行信息交换和通信，以实现智能化识别、定位、跟踪、监管等功能（百度百科）。

（4）5G：5G 是指第五代移动通信技术，是具有高速率、低时延和大连接特点的新一代宽带移动通信技术，是实现人机物互联的网络基础设施（百度百科）。

（5）智慧工地：智慧工地是指综合采用各类信息技术，围绕人员、机械设备、材料、方法、环境等施工现场关键要素，具备信息实时采集、互通共享、工作协同、智能决策分析、风险预控等功能的数字化施工管理模式（《绿色建造技术导则（试行）》建办质〔2021〕9 号）。

智慧工地是指运用信息化手段，通过三维设计平台对工程项目进行精确设计和施工模拟，围绕施工过程管理，建立互联协同、智能生产、科学管理的施工项目信息化生态圈，并将此数据在虚拟现实环境下与物联网采集到的工程信息进行数据挖掘分析，提供过程趋势预测及专家预案，实现工程施工可视化智能管理，以提高工程管理信息化水平，从而逐步实现绿色建造和生态建造，如图 2-33 所示。

图 2-33　智慧工地

4. 集约化

绿色建造要求项目建造全过程实施集约化管理模式，集约化的“集”就是指集中，集合人力、物力、财力、管理等生产要素，进行统一配置；集约化的“约”是指在集中、统一配置生产要素的过程中，以节俭、约束、高效为价值取向，从而达到降低成本、高效管理，进而使企业集中核心力量，获得可持续竞争的优势。

集约化管理的具体表现形式为工程总承包、全过程咨询、建筑师负责制以及政府工程集中建设等方式，详见本书 2.2 部分。

5. 产业化

建筑产业化是指整个建筑产业链的产业化，把建筑工业化向前端的产品开发、下游的建筑材料、建筑能源甚至建筑产品的销售延伸，是整个建筑行业在产业链条内资源的更优化配置。

建筑产业化是指运用现代化管理模式，通过标准化的建筑设计以及模数化、工厂化的部品生产，实现建筑构部件的通用化和现场施工的装配化、机械化。发展建筑产业化是建筑生产方式从粗放型生产向集约型生产的根本转变，是产业现代化的必然途径和发展方向，如图 2-34 所示。

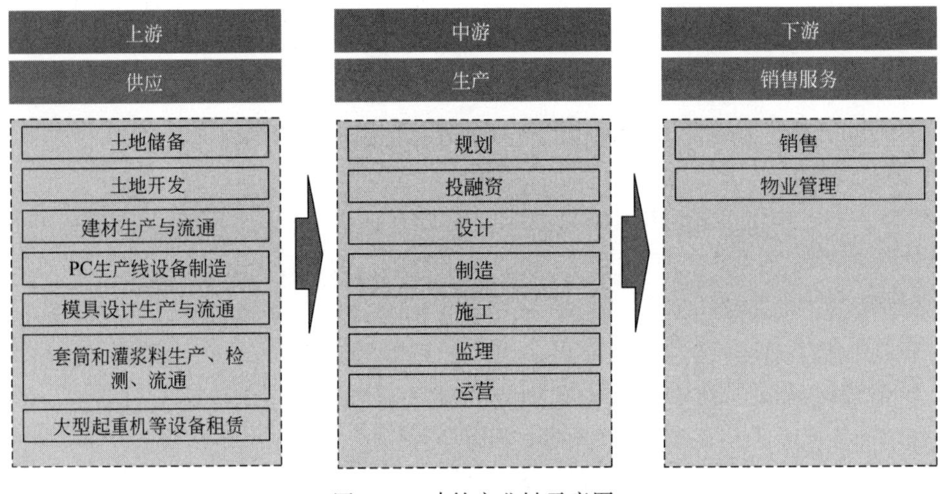

图 2-34　建筑产业链示意图

2.7　绿色策划问题

2.7.1　对策划重要性认识不足

很多建设单位对策划的重要性认识不足，甚至觉得没有编制策划文件的必要，习惯于边想边做。在实施绿色建造活动时，没有提前策划实施的路径、方法和目标，导致实施过程前后矛盾，最终达不到绿色建造的目的。

2.7.2　策划未基于科学分析

绿色策划的制定应该是基于对工程建设各影响因素科学合理分析后完成的，相关的管理模式、组织机构、实施方法以及目标任务都应该是结合实际、科学分析后确定的。否则，绿色策划的可操作性将不高，无法切实指导绿色建造活动的顺利开展。

2.7.3　策划未考虑建筑全寿命周期，重设计，轻运维

这是建筑行业的通病，策划重心集中在建筑设计阶段，对施工阶段和运维阶段基本没有考虑，导致建造过程仍然存在各阶段割裂现象。建造阶段不连续、相互割裂直接导致阶段与阶段之间矛盾众多，资源无法统筹调配，建造成本偏高。

2.7.4　策划前瞻性不足

建造是一个相对较长的过程，策划如果没有考虑一定的前瞻性，可能出现策划无法正确指导绿色建造实施的状况。

第3章 绿色设计

3.1 绿色设计概况

绿色设计是实现绿色建造的决定性环节。绿色设计的基本要求是通过技术、材料、设施设备的综合集成，减少建筑对不可再生资源的消耗和对生态环境的污染，为使用者提供健康、舒适、智能的工作、生活环境，最大限度地实现人与自然和谐共生。

绿色设计是指“在建筑设计中体现可持续发展的理念，在满足建筑功能的基础上，实现建筑全生命周期内的资源节约和环境保护，为人们提供健康、适用和高效的使用空间”（《民用建筑绿色设计规范》JGJ/T 229—2010）。绿色设计的定义表达了三层内涵意思：①遵循因地制宜的原则，结合建筑所在地域的气候、资源、生态环境、经济、人文等特点，降低建筑行为对自然环境的影响，实现人、建筑与自然的和谐共生；②统筹考虑建筑全生命周期，解决建筑功能与节地、节能、节水、节材、保护环境间的辩证关系，体现建筑的经济效益、社会效益和环境效益的统一；③符合共享、平衡、集成、健康高效的绿色设计理念，使参与设计的规划、建筑、结构、给水排水、暖通空调、燃气、电气与智能化、室内设计、景观设计、建筑经济等专业紧密配合，综合技术与经济的关系，选择有利于建筑和环境可持续发展的场地、建筑形式、先进技术、绿色设备和材料，积极创新，保证建筑在施工、运营和最终拆除中达到绿色建筑的要求。

绿色设计可以全面把握项目的时间和成本，其目标是在安全健康舒适的条件下，使建筑全寿命周期内能耗最小，以建筑美学、建筑功能、环境设计等系统设计的合力形成绿色建筑。绿色设计应采用整体性设计方法，是指从项目策划阶段开始，就组建绿色建造专业团队，并投入项目中，依靠多种专业之间的协作配合，通过不同专业对项目的认识和理解，全面认识项目，共同完成项目设计的方法。整体性设计方法是绿色建筑根本性的方法，与传统建筑设计方法比较，见表 3-1，其在项目实施的整个过程中，采用不断迭代、循环反馈的思维方式，在明确最终设计目标后，从建筑的整个寿命周期的视野高度进行整体性设计。

绿色设计与传统设计的区别　　　　表 3-1

编号	绿色设计	传统设计
1	项目决策不是来自业主和建筑师，而是整个团队	项目决策主要由业主和建筑师决定
2	项目开始阶段，专业团队就已经建立，各专业人员在项目开始阶段就进行配合和交流	项目开始阶段，各专业工程师没有机会配合和交流
3	项目的目标和结果由团队在初步设计阶段就已经确定，团队的每个人都是项目目标的创建者	项目的目标和结果一般只是在业主和建筑师之间拟定
4	项目从开始到施工结束以及最后的运营，都是以一种迭代和反复的过程进行	项目从开始到结束都是以一种单向的、顺序式的线性方式进行
5	团队的各专业工程师在项目的最初阶段就进入项目中	各专业工程师只有在必要的情况下才进入项目中
6	项目的发展环节不是独立的，而是整体性的、开放的，每一步都是各专业间的相互交流和合作过程。这种方式鼓励创造型的内部行为	项目的发展环节是相当独立的，减少了专业间的相互交流和合作过程。这种方式不鼓励创造型的内部行为
7	整体性设计方法为项目的设计、发展和结果最优化创造的客观条件	项目的设计、发展和结果的最优化受到了限制
8	整体性设计方法按绿色建筑的目标完成，因此关注的是项目全寿命周期内的成本最低，而不像传统建筑设计方法注重前期成本	传统建筑设计方法注重前期成本，对运行成本和建筑寿命周期内的能耗很少关注
9	项目在施工完成时，并不意味着项目结束，而是要在投入运营后，依然获得满意效果	项目在施工完成时，便宣告结束
10	项目在开始时就确定了合理的绿色建筑目标，因此不会出现后期意外的增量成本增加	在设计中后期增加绿色建筑性能时，受约束因素大，有些目标无法实现，有些目标带来很大增量成本，设计时间也会大大增加

整体性设计方法要求在项目的初始阶段或策划阶段，就需由尽量多的团队成员参加，协作配合，实现对项目的整体性设计，如图 3-1 所示。整体性设计过程中，建筑师的角色很重要，建筑师不仅要与业主频繁接触，同时也要与其他专业人员不断交流，建筑师不仅顾及业主的思想和要求，还是一个专业团队的领导核心。经验丰富的绿色建筑咨询顾问，结构、给水排水、暖通、电气、预算等专业工程师在项目初期，就已经进入角色，通过与业主的沟通，各专业工程师可以了解业主的要求，同时各专业工程师将最新的理念和适宜的技术灌输给业主，业主在全面了解各

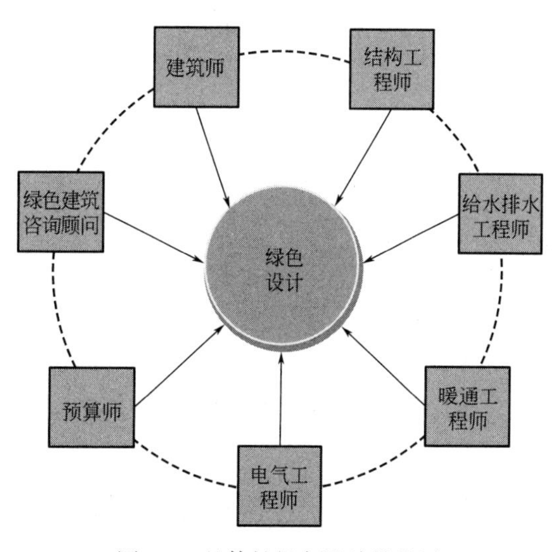

图 3-1　整体性绿色设计结构图

专业的信息背景下，可以对项目做出更好的决策，避免设计后期出现的大量变更。各专业工程师通过合作、分享各自对项目的理解和认识，使项目设计高效，建造成本合理。

3.2 绿色设计原则

绿色设计应坚持“可持续发展”的建筑理念。理性的设计思维方式和科学程序的把握，是提高绿色建筑环境效益、社会效益和经济效益的基本保证。绿色设计除满足传统建筑设计的一般要求外，尚应遵循以下基本原则。

3.2.1 关注建筑的全寿命周期

建筑从最初的规划设计到随后的施工建设、运营管理及最终的拆除，形成了一个全寿命周期。关注建筑的全寿命周期，意味着不仅在规划设计阶段充分考虑并利用环境因素，而且确保施工过程中对环境的影响最低，运营管理阶段能为人们提供健康、舒适、低耗、无害空间，拆除后又对环境危害降到最低，并使拆除材料尽可能再循环利用。

3.2.2 与环境融合共生

充分利用建筑场地周边的自然条件，尽量保留和合理利用现有适宜的地形、地貌、植被和自然水系；在建筑的选址、朝向、布局、形态等方面，充分考虑当地气候特征和生态环境；建筑风格与规模和周围环境保持协调，保持历史文化与景观的连续性；尽可能减少对自然环境的负面影响，如减少有害气体和废弃物的排放，减少对生态环境的破坏。

3.2.3 以人为本，健康舒适

绿色设计应优先考虑使用者的适度需求，努力创造优美和谐的环境；保障使用的安全，降低环境污染，改善室内环境质量；满足人们生理和心理的需求，同时为人们提高工作效率创造条件。

3.2.4 资源节约与综合利用，减少环境负面影响

通过优良的设计和管理，优化生产工艺，采用适用技术、材料和产品；合理利用和优化资源配置，改变消费方式，减少对资源的占有和消耗；因地制宜，最大限度地利用本地材料与资源；最大限度地提高资源的利用效率，积极促进资源的综合循环利用；增强耐久性能及适应性，延长建筑物的整体使用寿命；尽可能使用可再生的、清洁的资源和能源。

3.3 绿色设计策划

前期绿色设计策划阶段应组建绿色建筑项目团队，绿色建筑项目团队的组成需包括建筑开发商、业主、规划师、建筑师、各专业工程师、咨询顾问、承包商等。

首先对项目的规划要求、当地绿色发展相关政策、气候资源、场地生态环境、地形地

貌、场地周边环境、道路交通和市政基础设施规划条件等基本情况进行调查研究，并且评估建设项目的功能要求、市场需求、使用模式、技术条件等情况，提出对绿色设计实施过程中的有利条件和不利条件，为不利条件寻求解决问题的方法。

其次是绿色设计策划目标的确定和实现，需要建筑全寿命周期内所有利益相关方的积极参与，需综合平衡各阶段、各因素的利益，积极协调各参与方、各专业之间的关系。绿色建筑项目团队在绿色设计策划时应优先采用本土、适宜的技术，提倡采用性能化、精细化与集成化的设计方法，对设计方案进行定量验证、优化调整与造价分析，保证在全寿命周期内经济技术合理的前提下，有效控制建设工程的投资。

最后将上述研究分析归纳的成果形成绿色设计策划书，可以与传统的设计任务书合并，成为其中的一个章节。

绿色设计策划需满足以下要求。

（1）应根据绿色建造目标，结合项目定位，在综合技术经济可行性分析基础上，确定绿色设计目标与实施路径，明确主要绿色设计指标和技术措施。

（2）应推进建筑、结构、机电设备、装饰装修等专业的系统化集成设计。

（3）应以保障性能综合最优为目标，对场地、建筑空间、室内环境、建筑设备进行全面统筹。

（4）应明确绿色建材选用依据、总体技术性能指标，确定绿色建材的使用率。

（5）应综合考虑生产、施工的便捷性，提出全过程、全专业、各参与方之间的一体化协同设计要求。

3.4　绿色设计内容

根据绿色策划确定的绿色建筑星级目标，按照现行国家标准《绿色建筑评价标准》GB/T 50378—2019 的指标体系，结合项目实际选择绿色建筑拟采取的相关措施。绿色建筑评价指标体系根据场地规划、建筑、结构、建筑材料、给排水、暖通、电气专业划分，如图 3-2 所示。

3.4.1　场地规划

场地规划是把项目建设场地内的空间资源合理配置，保证开发建设过程中组织有序，后期运行中配套设施完善、景观宜人、环境优美。在规划设计中，要注重场地生态环境的保护，优化建筑布局并进行场地环境生态补偿，生活垃圾容器、收集点布置合理，与周围环境相协调。

1. 场地的生态安全

场地生态安全是施工过程和后期运营过程人员健康的保证。场地生态安全一般分为两类，一类是场地原有的安全威胁，一类是建成投入运营后场地存在的污染。前者一般包括洪涝、滑坡、泥石流、危险化学品、易燃易爆危险源、电磁辐射、含氡土壤和其他有毒有害物质等。后者一般包括建成后的未达标排放或者超标排放的气态、液态或固态的污染

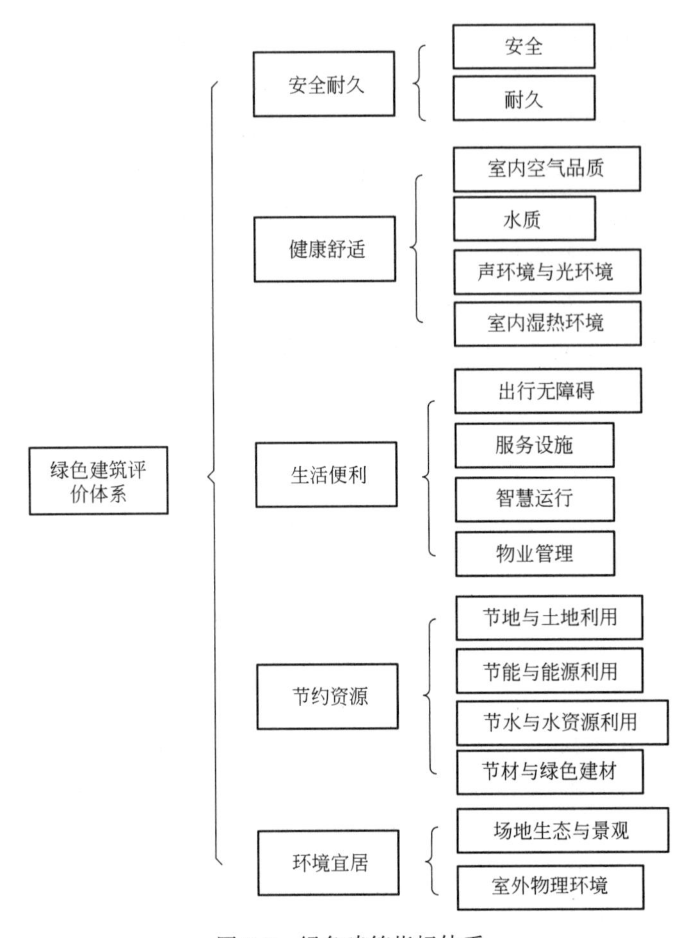

图 3-2　绿色建筑指标体系

源，如餐饮行业产生的油烟、垃圾回收场地产生的污水等。不论是前者还是后者，建设工程中都必须采取有效的防治措施，保证场地内人员、环境的安全，如图 3-3、图 3-4 所示。

图 3-3　场地安全监测

图 3-4　土壤氡含量检测

2. 资源利用与生态环境保护

建设场地内可能会出现含有利用价值的各类资源，这些资源一般包括可再生能源、生物资源、水资源，在不影响场地安全的情况下，这些资源都该被利用和保护起来。除此之外，场地原有的建筑物和构筑物也应该在设计之初考虑其价值，纳入设计规划之中。

3. 场地设计

场地设计除了满足国家的硬性规定外，更加侧重于场地布局和体感设计，除了考虑到合理利用土地、日照、设计布局外，还需要考虑风、光、声、热等建筑环境内容。

场地设计需要对场地内外的自然资源及生态环境评估分析，保持和利用原有地形，尽量减少开发过程对场地周边环境生态系统的改变，采取竖向设计保持场地的土方平衡，保护和利用场地原有自然水域、湿地和植被。建设过程中确需改造场地内的地形、地貌、水体、植被等时，在工程结束后及时采取生态复原措施，充分利用表层土，减少对原有场地环境的改造和破坏，如图 3-5～图 3-7 所示。

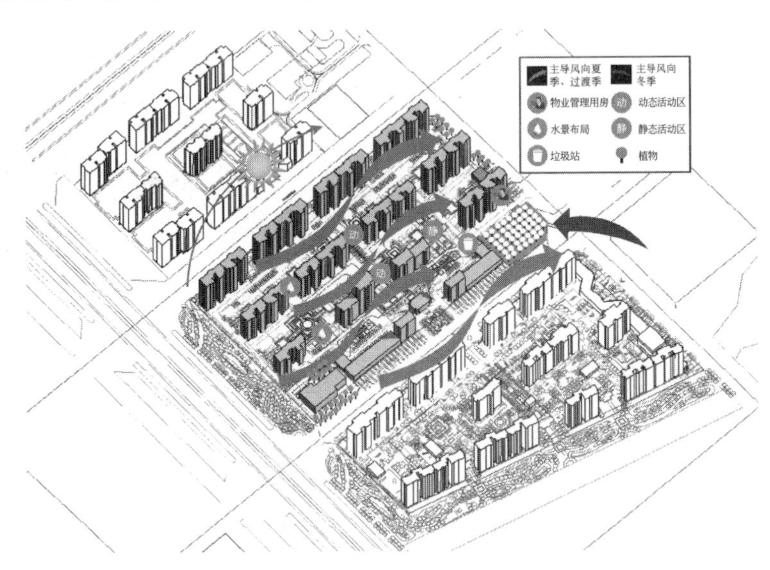

图 3-5　场地规划设计

图 3-6　原有场地山地保留

图 3-7　结合原始地形建设半地下室

由于城市建筑用地紧张，建筑向上发展成为不可避免的现象，但如何合理利用土地，成为城市发展的重点。合理利用土地包括居住建筑人均居住用地指标、公共建筑建筑容积率、地下空间合理开发。

光、风、声、热是影响体感的重要因素。对于光环境，白天日照与建筑朝向、布局相关，夜晚照明要根据场地环境和道路合理设计，避免室外照明对居住建筑外窗产生直射光线、场地和道路照明直射光射入空中和地面反射光造成眩光的情况；对于风环境，建筑规划布局留出通风廊道，结合地势将建筑“高低错落”布置，减少旋涡，保证场地内污浊空气的迅速排出，同时注意场地入口和场地内人行区风速不宜过高、过渡季和夏季建筑物室外风压均匀、冬季风压不宜过大，保证业主正常生活和开窗通风；对于声环境，重点在于减少噪声，布局上远离噪声源，无法远离的，如固定噪声源、交通噪声，可采取用合理的隔声和降噪措施；对于热环境，重点在于减少热岛强度，一般可以采取设置乔木、构筑物、底层架空、立体绿化、复层绿化，采用太阳辐射反射系数高的涂料，采用植草砖、透水地砖、透水混凝土等透水铺装等措施，如图 3-8～图 3-11 所示。

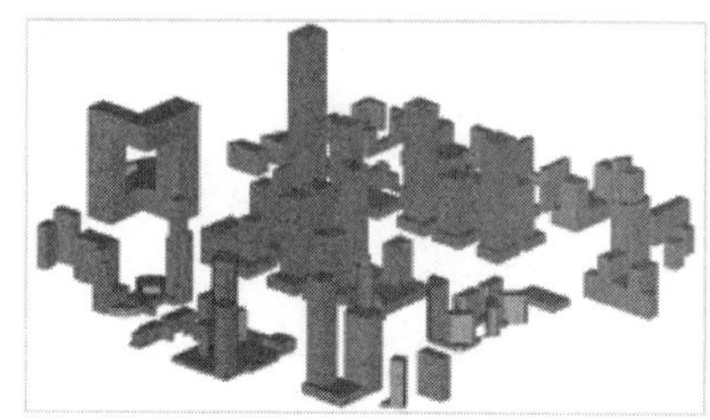
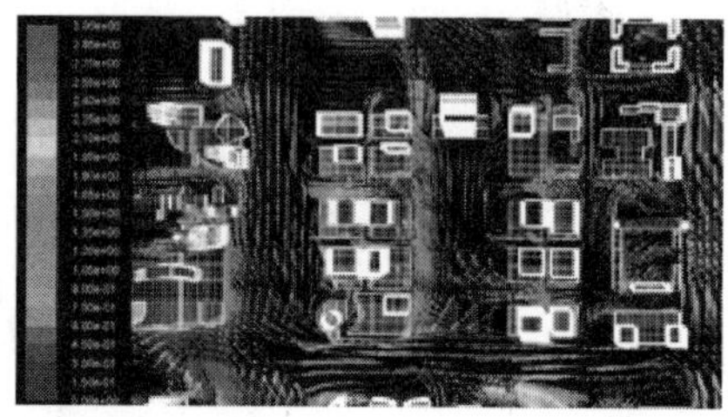

图 3-8　场地室外风环境模拟分析图

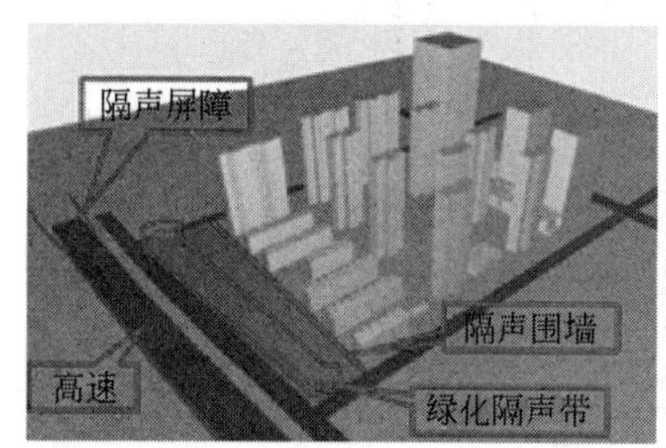

图 3-9　场地噪声环境优化分析图

图 3-10　复层绿化

图 3-11　透水砖地面

4. 室外环境

除了场地设计内容，建筑室外环境也是关系到业主使用的便利与否的关键，包括大量生活品质提升的内容。如公共服务设施、停车场设计、与公共交通设施的连接、无障碍设计、园林绿化设计等内容。

住区配套服务设施（也称配套公建）包括教育、医疗卫生、文化体育、商业服务、金融邮电、社区服务、市政公用和行政管理等八类设施，居民步行 5～10min 可以到达，公共建筑集中设置，配套的设施设备共享公用，可以提高服务效率、节约资源。停车场设计需要考虑到非机动车和机动车，非机动车停车场所规模适度、布局合理，符合使用者出行习惯，采取遮阳防雨措施和充电设施，机动车停车场所满足当地城市规划管理技术规定等要求，并依据实际调研数据要求地下停车位的配建不小于总停车位数量的 65%；合理设置场地出入口位置，有便捷的步行通道联系公共交通站点，保证业主到达公共交通的便捷性；通行空间满足紧急疏散、应急救护要求，配备可容纳担架的无障碍电梯，并设置有安全防护的警示和引导标识系统；场地交通采用人车分流措施，采取防滑设计，建筑与场地及场地内外联系的无障碍设计是绿色出行的重要组成部分，是保障各类人群方便、安全出行的基本要求。

园林绿化设计可起到改善和美化环境、调节小气候、缓解城市热岛效应等作用，设计时要考虑绿地率、选用易生长易维护的乡土植物、选用乔灌草的方式科学配置绿化植物等内容，如有必要，可以利用场地或景观形成可降低坠物风险的缓冲区、隔离带，也可以结合园林设计吸烟区，并配备相关的引导、警示措施。

集中的室外健身活动区的设置位置必须考虑噪声扰民问题，并根据运动类型设置适当的隔声措施；健身慢行道尽可能避免与场地内车行道交叉，步道尽量采用弹性减振、防滑和环保的材料，如塑胶、彩色陶粒等，如图 3-12～图 3-17 所示。

图 3-12　非机动车停车位

图 3-13　充电桩停车位

图 3-14　人车分流措施

图 3-15　小区室外环境宜居

图 3-16　配套设施完善

图 3-17　合理设置健身设施

3.4.2　建筑

人一生有 90%的时间在建筑中度过，良好建筑设计不仅能带来幸福的生活体验，也有益于身心健康。建筑设计要按照被动式设计的原则，优化建筑形体和内部空间布局，充分利用自然采光、自然通风，采用围护结构保温、隔热、遮阳等措施，降低建筑的采暖、空调和照明系统的负荷，提高室内舒适度。除此之外，简约的造型设计，太阳能集热器、光伏组、外遮阳、空调室外机位、外墙花池等功能性室外构（部）件与建筑进行一体化设计，能减少建筑材料的浪费。

1. 平面布局及空间设计

建筑空间和平面设计本身紧紧围绕建筑的使用功能。在此前提下，应提高空间的利用效率，避免不必要的高大空间和无用空间；考虑适应性及可变性，建筑的层高必须与其功能相适应；人员长期停留的空间宜布置在有良好日照、采光、自然通风和视野的位置，并避免视线干扰；需求相同或功能相近的房间尽量集中布置，居住或工作空间远离噪声、振动、电磁辐射、空气污染，设备机房、管道井靠近负荷中心布置并易于维护，合理开发地下空间并引入自然采光与自然通风；建筑室内公共区域采取防滑措施，墙、柱等处的阳角均为圆角，并设有安全抓杆或扶手；利用连廊、架空层、上人屋面等设置公共步行通道、健身空间、开放空间，完善的无障碍设施等措施，为业主提供室内活动环境，同时兼顾开放、共享、集约、舒适等要求，保障室内活动空间，如图 3-18、图 3-19 所示。

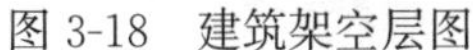

图 3-18　建筑架空层图

图 3-19　场地无障碍坡道图

2. 围护结构与构造设计

除了建筑物的体形系数、外围护结构（外墙、屋面、架空楼板）传热系数、蓄热系数、外门窗（含天窗）传热系数、遮阳系数、窗墙面积比、可见光透射比、气密性能、抗风压性等标准规定指标外，还应注重建筑的形体设计、朝向、日照、自然通风与噪声等因素。夏季的制冷季或者冬季的采暖季，建筑的外围护结构产生的损耗是建筑能耗的大头，只能在能量的传播途径上想办法。夏季减少得热冬季降低热损可以在建筑外表皮采用浅色饰面或屋顶绿化和垂直绿化，外门窗采用高性能门窗外加设外遮阳措施，同时屋顶采用架空通风隔热屋面和通风坡屋面，在屋顶也可以设置太阳能光伏、热水或构筑物结合的遮阳设施等，严控建筑物的保温隔热性能，减少能源的消耗，如图 3-20、图 3-21 所示。

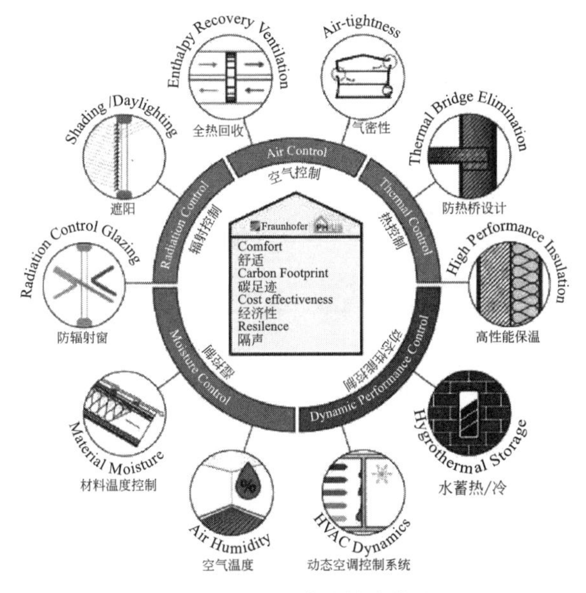

图 3-20　节能建筑技术措施

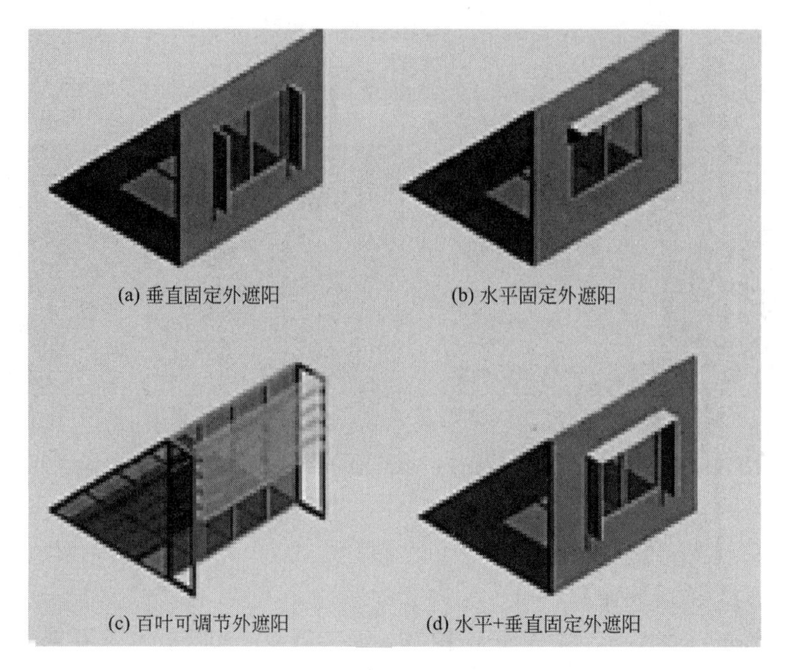

图 3-21　建筑外遮阳形式

3. 室内风环境

绿色建筑的室内风环境设计的侧重点只有一点，就是自然通风，自然通风相比机械通风更加节能。在设计自然通风时，要考虑到建筑平面空间布局、剖面设计、门窗的设置方向和开启方式。宜采取风环境模拟分析，优化自然通风设计。高层住宅建筑可设置通风器，建筑内部自然通风可采用导风墙、捕风窗、拔风井、太阳能拔风道等诱导气流的措施，设有中庭的建筑可在适宜季节利用烟囱效应引导热压通风。对于通风不良的地下空间，可以采取直接通风的半地下室、下沉式庭院、通风井、窗井等方法改善自然通风条件，如图 3-22、图 3-23 所示。

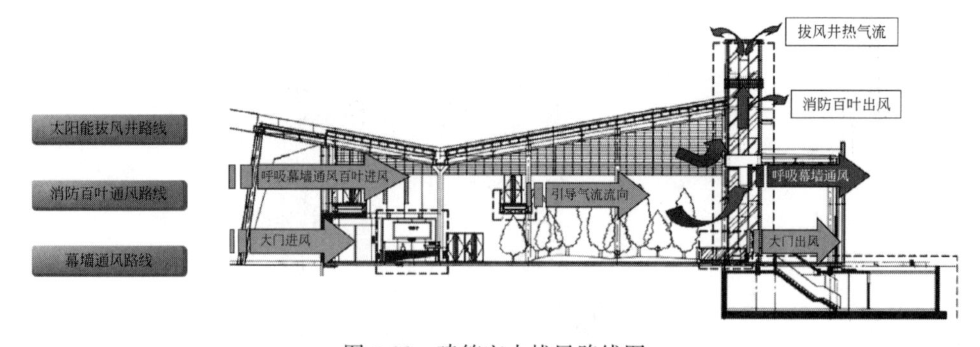

图 3-22　建筑室内拔风路线图

4. 室内光环境

室内光环境不仅影响着业主的室内活动效率，太弱或太强的光线也会影响视力。对于室内光环境设计，一般优先采用自然采光，最普遍的方式是利用外窗采光，但是直射的阳光可能造成眩光现象，因此可以采用通过光环境模拟分析进行优化。中庭、天窗、天井、

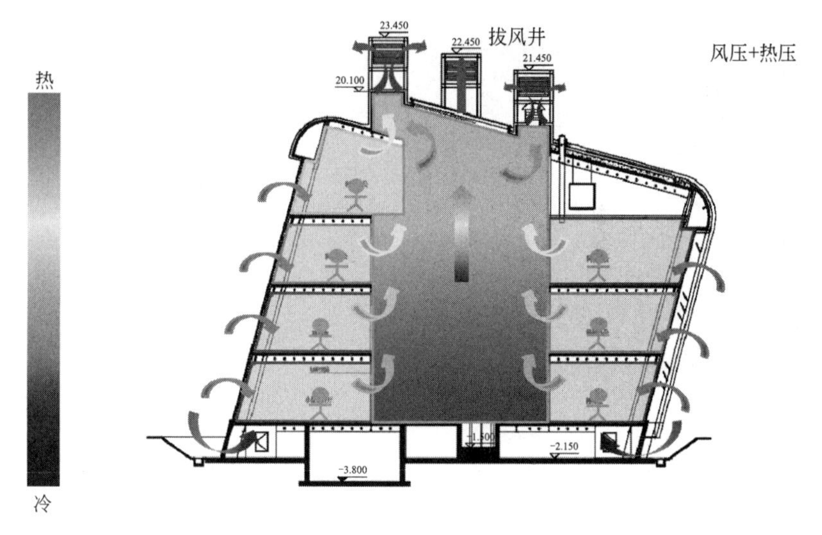

图 3-23　室内自然通风分析图

窗井、下沉庭院、半地下室等设计措施可加强室内自然采光，侧窗采光可利用反光板、散光板、棱镜玻璃、集光导光系统等设施增加室内自然采光。除了增强室内自然采光外，建筑外立面设计也不能对周围环境产生光照污染，主要措施是控制建筑的外立面材料，如图 3-24、图 3-25 所示。

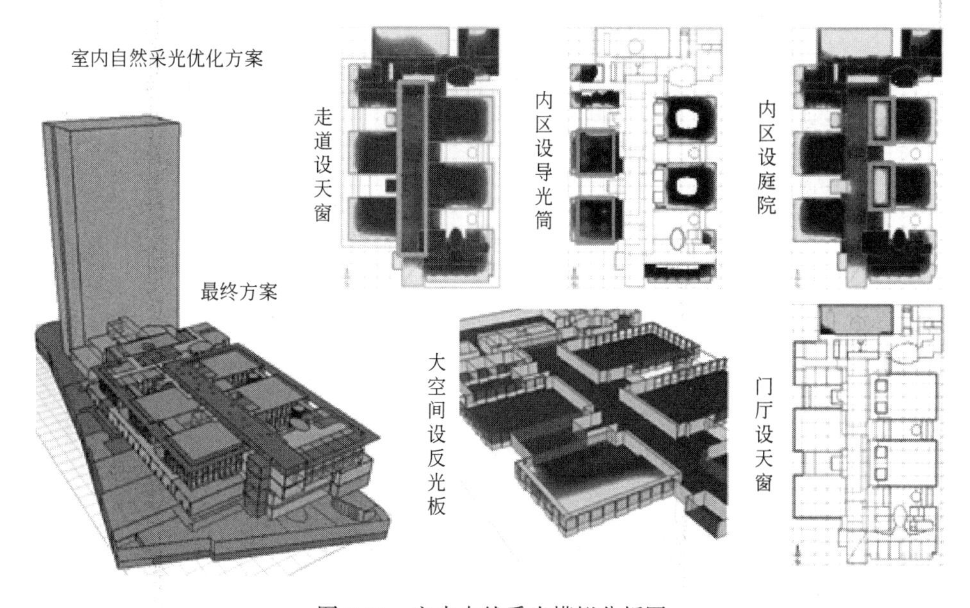

图 3-24　室内自然采光模拟分析图

5. 室内声环境

人类的活动一般都会产生噪声，无论是室内或者室外，除了避开噪声源，比较好的方法是在传播途径增加相关措施。比如控制建筑室内的允许噪声级、围护结构的空气声隔声量及楼板撞击声隔声量，建筑平面布局和空间功能根据声环境的不同要求进行区域划分，加强外围护结构的隔声性能，设备机房、管道等噪声源集中布置，并采用有效的减震隔声措施。对

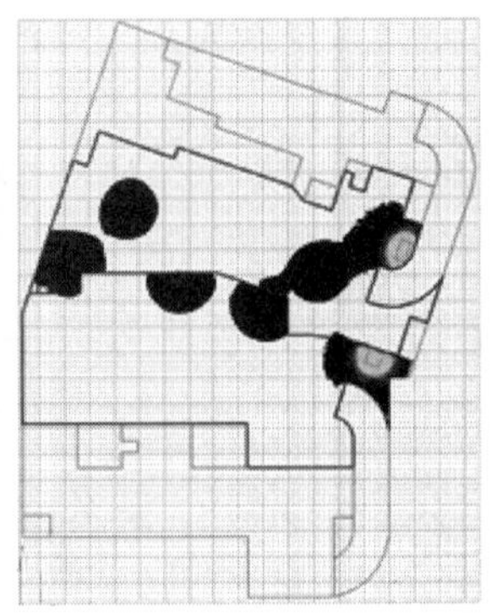

图 3-25　采光井实景图、模拟图

于公共建筑中有声学要求的重要房间，需要进行声学设计，如图 3-26、图 3-27 所示。

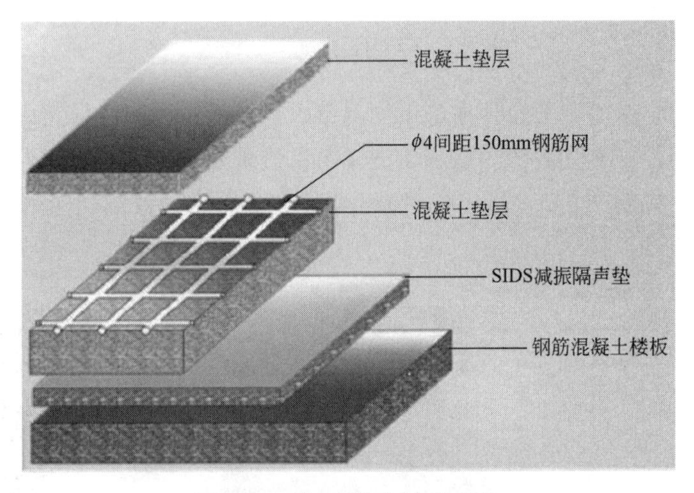

图 3-26　楼板减振隔声垫设施

图 3-27　电梯隔声降噪措施

6. 室内空气质量

室内空气质量是用来指示环境健康和适宜居住的重要指标。主要的标准有含氧量、甲醛含量、水汽含量、颗粒物等，该指标的控制与室内装修材料是否环保、室内污染源控制、出入口是否设置具有截尘功能设施有关；对于厕所有可能发生臭气倒灌入居室的情况，可使用构造内自带水封的便器。

7. 室内装饰装修设计

室内装修尽量与建筑结构进行一体化设计，减少材料的损耗。在装修过程中不可破坏结构主体，不可影响建筑设备的效能，尽量不要改动机电设备终端的位置，室内装饰装修设计可选择工业化、装配化的成套部品和设施，装饰装修设计不可影响围护结构性能及室内环境质量，办公、商业等建筑类型的公共空间可采用可重复利用的灵活隔断。公共建筑的室内装饰装修设计在保证安全、功能要求的前提下，建筑结构与设备管线分离，或设备管线可采用明露敷设的方法，兼顾美观和便于维护，如图 3-28 所示。

图 3-28　灵活隔断

3.4.3　结构

结构设计关系到建筑的安全性和使用寿命，绿色建筑推荐按 100 年进行耐候设计。在设计过程中要考虑到抗震性能、地基基础、结构体系、结构材料、结构布置以及构件的截面设计，还需要考虑资源消耗少、环境影响小及可工业化建造的建筑结构体系，以减少材料利用，对于严重不规则的结构抗震设计方案，应当绝对摒弃。

1. 地基基础设计

地基是一个工程的基础，基础形式根据工程实际，经技术经济比较合理确定，可选择埋深较浅的天然浅基础或采用人工处理地基和复合地基。采用桩基时，可通过先期试桩确定单桩承载力设计值，确保桩基具有足够的承载力，优先采用预制桩、预应力混凝土管桩、机械成孔桩；采用钻孔灌注桩时，可通过采用后注浆技术提高侧阻力和端阻力；由于地下水浮力对建筑物竖向力有减负作用，对于以承受竖向荷载设计为主的基础，可以利用其减负作用，降低荷载；地质条件复杂时，优先采用“逆作法”施工，地下结构的基坑支护结构可考虑永临结合、材料可回收再循环利用的支护方案；基础优化设计可考虑地基基础协同分析与设计，如高层建筑尽量考虑地基基础与上部结构的共同作用，桩基础沉降控制考虑承台、桩与土的协同作用，桩筏基础根据桩、土共同工作计算结果进行优化设计；采用满足要求的工业废渣、无机建筑垃圾及素填土作为建筑回填土，达到节材又节地的目的，如图 3-29 所示。

图 3-29　预制混凝土桩

2. 主体结构设计

结构布置在满足现有建筑功能性要求的基础上，适当考虑预期使用变化，从而提高建筑空间利用率及结构对建筑功能变化的适应性；结构尽量采用平面、竖向规则的方案，满足抗震概念设计。建筑形体优先选择规则、简单的造型，避免因此导致结构超限；在设计过程中根据建筑在保证安全性与耐久性的前提下，可以进行结构体系优化设计，根据建筑功能、受力特点选择材料用量较少的结构体系，优先采用隔震或耗能减震结构，合理采用钢结构、钢与钢筋混凝土混合结构、预应力结构体系。高层混凝土结构的竖向构件和大跨度结构的水平构件必须进行截面优化设计；大跨度混凝土楼盖结构可合理采用有黏结预应力混凝土梁、无黏结预应力混凝土楼板、现浇混凝土空心楼板、夹心楼板等；由强度控制的钢结构构件优先选用高强钢材；由刚度控制的钢结构优先调整结构布置和构件截面，增加钢结构刚度；钢结构楼盖结构尽量合理采用钢与混凝土组合梁进行设计；合理采用具有节材效果明显、工业化生产水平高的构件。注意卫生间、浴室、墙面、顶棚的防潮、防水，尽量杜绝漏水现象；结构构件设计考虑结构和装修施工的便利性，尽量减少截面造型复杂、施工难度大、周转材料和装修材料消耗多的结构构件。

除此之外，为保证人员安全，高阳台、外窗、窗台、防护栏杆等位置设置安全防护，建筑物出入口均设外墙饰面、门窗玻璃意外脱落的防护措施，门窗采取防夹设计，如图 3-30、图 3-31 所示。

图 3-30　混凝土空心楼盖

图 3-31　主体及围护结构安全耐久

3. 改建、扩建建筑结构设计

改建、扩建工程的结构设计除了保证安全可靠外，重点在于如何利用既有建筑的结构和特点进行施工。根据结构可靠性评定要求，采取必要的加固、维护处理措施后，再按评估使用年限继续使用；当建筑因改建、扩建或需要提高既有结构的可靠度标准而进行结构整体加固时，采用加固作业量最少的结构体系加固或构件加固方案；结构体系或构件加固，采用节材、节能、环保的加固技术；合理利用场地内已有建筑物和构筑物，并充分利用建筑施工、既有建筑拆除和场地清理时产生的尚可继续利用的建筑材料；建筑新增设施和空间可采用装配式建筑结构和构件，如图 3-32 所示。

图 3-32　房屋加固

4. 装配式建筑与建筑工业化

装配式建筑是指由预制构件在工地装配而成的建筑。建筑设计中采用装配式建筑体系或工业化部品能极大程度地减少工期；装配式建筑设计遵循模数协调统一的原则，并进行标准化设计，包括平面空间、建筑构件、建筑部品的标准化设计，采用结构构件与设备、装修分离的方式；节点设计要求构造简单、传力可靠、便于施工；构件设计要求精细化，保证每一个构件的尺寸及安装的精确度；装配式建筑体系或工业化部品可选择预制混凝土构件、钢结构构件等工业化生产程度较高的构件整体厨卫、单元式幕墙、装配式隔墙、多功能复合墙体、成品栏杆、雨篷等建筑部品；室内装饰装修设计推荐采用现场干式作业的技术及产品，采用工业化的装修方式。构件在制造、运输、吊装、施工等荷载工况下要进行相应验算。对于不同使用寿命的部品组合在一起时，其构造需要便于分别拆换更新和升级，如图 3-33～图 3-35 所示。

图 3-33　装配式建筑

图 3-34　多功能复合墙体

图 3-35　推广装配式装修

3.4.4　建筑材料

国家对材料的健康性能要求很高，已经禁止了不少高耗能、污染超标的材料，并大力发展绿色建材。从设计上，可以通过控制建筑规模、集中体量、减少体积，优化结构体系与设备体系，使用高性能及耐久性好的材料等手段，减少在施工、运行和维护过程中的材料消耗总量，同时考虑材料的循环利用，以达到节约材料的目的。从感官上，建筑材料尽量选用对人体健康有益的材料，通过人的视觉、触觉等感官引起生理和心理的良性反应，例如：在接触人体的部位采用传热慢、触感柔和的材料，人员长时间站立的地面采用有一定弹性的材料等。从建材选用上，建筑材料的选用考虑其各项指标对绿色目标的贡献与影响，如重量、能耗、可回收性、运输、污染性、功能、性能、施工工艺等多个方面的性能指标；除此之外，材料选择时评估能源的消耗量、材料资源的消耗量及其对环境的影响，选择资源消耗少、可集约化生产、对环境污染程度低的建筑材料；尽量选用可再循环、可再利用材料，以废弃物为原料生产的建筑材料，速生的材料及其制品，本地的建筑材料；充分利用建筑施工、既有建筑拆除和场地清理时产生的尚可继续利用的材料，如图 3-36、图 3-37 所示。

图3-36　绿色建材标识

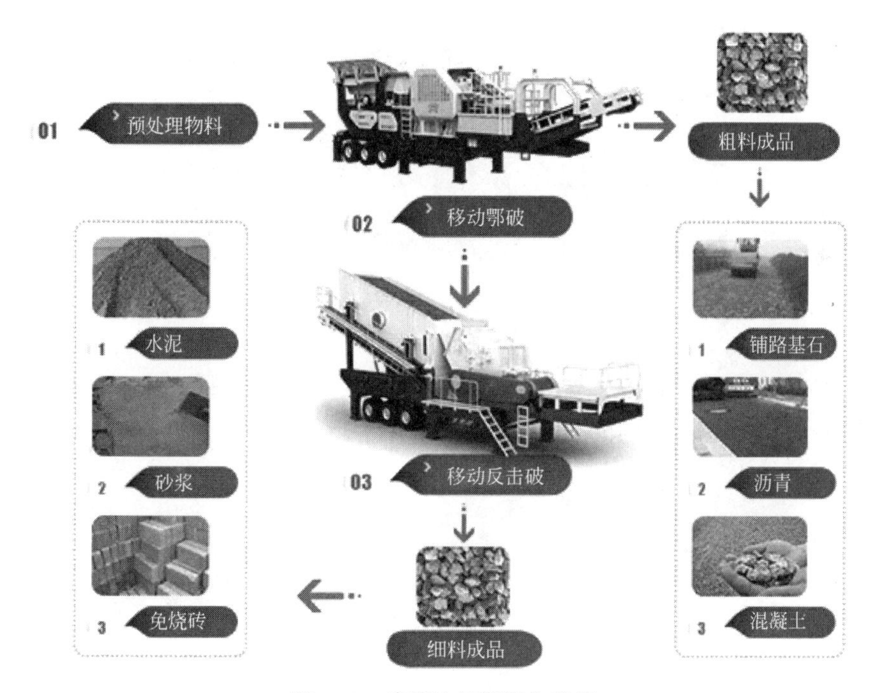

图3-37　建筑垃圾资源化利用

1. 结构材料

建筑结构合理采用高性能结构材料，才能保证建筑的使用年限，例如，高层混凝土结构的下部墙柱及大跨度结构的水平构件采用高强混凝土，高层钢结构和大跨度钢结构选用高强钢材，受力钢筋选用高强钢筋，建筑结构选用耐久性优良的材料，选用轻质混凝土、木构件、钢结构以及金属幕墙等轻量化建材，现浇混凝土必须全部采用预拌混凝土，建筑砂浆尽量采用预拌砂浆，如图3-38所示。

2. 装饰装修材料

绿色建筑中建筑、结构、设备与室内装饰装修尽量进行一体化设计，最大限度减少装修材料浪费。装饰装修可以采用无需外加饰面层的材料或采用简约、功能化、轻量化装饰装修；功能性建筑材料选用减少建筑能耗和改善室内热环境的建筑材料，防潮、防霉的建筑材料，具有自洁功能的建筑材料，可改善室内空气质量的建筑材料；建筑外立面选择耐久性好的外装饰装修材料和建筑构造，并尽量设置便于建筑外立面维护的设施；频繁使用的活动配件可选用耐用并具有可换性的产品；办公、商场等需变换功能的室内空间的分隔可采用可重复使用的隔断（墙），保证空间的灵活性和可变性。所有材料保证其耐久性和易维护性，减少更换和维护带来的损耗，如图 3-39、图 3-40 所示。

图 3-38 预拌混凝土

图 3-39 装修材料

图 3-40 办公室隔断

3.4.5 给水排水

合理设计给水排水系统是实现建筑节水的关键。在方案设计阶段，制定水资源利用方案，统筹利用各种水资源。水资源规划方案包括中水、雨水等非传统水源综合利用的内容；给排水系统设置合理、完善、安全；设有生活热水系统的建筑优先采用余热、废热、可再生能源等作为热源，并合理配置辅助加热系统。

1. 给水系统

给水系统设计，首先，需要考虑平均日用水量，保证建筑供水正常，同时应满足现行国家标准节水用水定额的要求。其次，为保证给水系统节水、节能，高层建筑生活给水系统可采用分区，控制建筑中最低和最高卫生器具配水点的净水压，在保证用水正常的情况下，节约用水；如热水用水量较小、用水点分散时，可采用局部热水供应系统；热水用水量较大、用水点比较集中时，采用集中热水供应系统，根据实际情况设置能保证循环效果的热水循环系统；热水设备、热水系统供水及回水管道有完善的保温隔热技术措施；有稳定热水需求的民用建筑鼓励采用太阳能热水系统；生活饮用水水池、水箱等储水设备必须满足卫生设计要求，给水排水管道、设备、设施可考虑设置明确、清晰、永久性标识，以保证用水安全，如图 3-41 所示。

图 3-41　太阳能热水集热板

2. 节水设备设施

建筑中采用节水设备设施能大量减少用水量，从而达到节约用水的目的。对于用水终端，卫生器具、水嘴、淋浴器等用水器具和设备可采用用水效率等级较高的产品；对于用水管道，合理设计供水压力，避免供水压力持续高压或压力骤变；可在设计时采用密闭性能好的阀门、设备，使用耐腐蚀、耐久性能好的管材、管件，有必要的情况下，对管材、管件进行压力试验；室外埋地管道采取有效措施避免管网漏损；根据要求安装分级计量水表，同时推荐采用远程计量系统和水质在线监测系统，保证供水质量；水池、水箱溢流报警和进水阀门自动联动关闭；对于室外的绿化灌溉必须采用高效节水灌溉方式，如喷灌、滴灌，设置土壤湿度感应器、雨天关闭装置等节水控制措施，种植易管养、耐干旱的植物；对于集中空调的循环冷却水系统，采取相应节水技术，如开式循环冷却水系统可设置水处理措施和加药措施，采取加大集水盘、设置平衡管或平衡水箱的方式，避免冷却水泵停泵时冷却水溢出，如图 3-42 所示。

3. 非传统水源利用

非传统水源利用是对水源的阶梯利用的重要一环。对大于 $10hm^2$ 的场地需要进行雨水专项规划设计，合理规划地表与屋面雨水径流，对场地雨水实施外排总量控制，设置绿色雨水基础设施，收集雨水用作景观用水、绿化用水、车辆冲洗用水、道路浇洒用水、冲厕用水、循环冷却水系统补水等不与人体接触的生活杂用水；有市政再生水供应时，也可充分利用市政再生水。

图 3-42　水效标识

非传统水源供水系统必须保持与生活水的安全隔离，如严禁与生活饮用水管道连接，供水设备、管道必须设计永久性标识，水池、水箱、阀门、水表及给水栓、取水口等均设置防止误接、误用、误饮的措施，雨水、中水等非传统水源在储存、配送等过程中有足够的消毒杀菌能力，且水质不得被污染，供水系统设有备用水源、溢流装置及相关切换措施等，雨水、中水等在处理、储存、配送等环节采取安全防护和监测、检测措施。

对于设有人工景观水体，补充水不得采用自来水，应优先采用雨水作为补充水；场地条件允许时，采用湿地工艺进行景观用水的预处理和景观水的循环净化；采用生物措施净化水体、减少富营养化及水体腐败的潜在因素；可采用以可再生能源驱动的机械设施，加强景观水体的水力循环，增强水面扰动，破坏藻类的生长环境。

雨水入渗、积蓄、处理及利用的方案通过技术经济比较后确定，并设置雨水初期弃流装置和雨水调节池，收集、处理及利用系统可与景观水体设计相结合；处理后的雨水可用于循环冷却水系统补水、绿化、景观、消防等用水，水质必须达到相应用途的水质标准才可使用，如图 3-43、图 3-44 所示。

图 3-43　采用节水灌溉图

图 3-44　雨水收集回用系统

3.4.6　暖通

为了创造舒适的室内空调环境，暖通空调会消耗大量能源。因此暖通空调设计遵循被动式设计优先、主动式技术优化的原则，通过全年逐项逐时冷负荷计算，分析能耗与技术经济性，结合工程当地的能源结构和能源政策，以及建筑物内各系统的用能情况，通过技术经济比较，选择综合能源利用率高、合理的冷热源和暖通空调系统形式，且优先选用可再生能源。设计中，保证室内良好热湿环境，明确室内环境设计参数、空调设备数量和容量，通过计算分析空调系统综合能效比，优化设计空调系统的冷热源、水系统和风系统，暖通空调系统不得采用电直接加热设备作为供暖空调系统的供暖热源和空气加湿热源。合理设置室外的机组、冷却塔、水泵、风机等设备的位置，采用分体和单元式空调的建筑，统一设置室内外机位置。通风及空调风管、空调水管管道布置空间合理，以便后期维修。对于未采用集中供暖空调系统的建筑，房间设置现场独立控制的热环境调节装置，如图 3-45 所示。

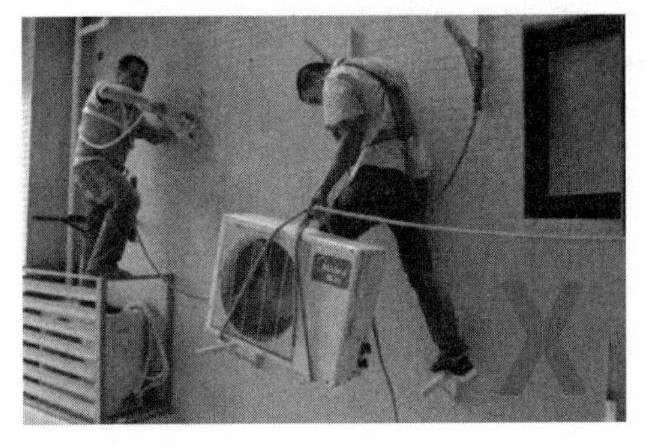

图 3-45　外部设施安全并具备安装、检修条件

1. 暖通空调冷热源

暖通空调冷热源优先采用能源高效利用的系统；在建筑中同时有供冷和供热要求的，当其冷、热需求基本匹配时，尽量合并为同一系统并采用热回收型机组。为保证节能效果，能源可采用节能装置，如冷凝热回收装置、调节燃烧控制的措施；冬季有供冷需求的建筑物内区，当采用分区两管制或四管制风机盘管系统供冷，且时间较长时，尽量采用冷却塔提供空调冷水；制冷季节有卫生热水需求的建筑，选用带冷凝热回收的冷水机组。单元式空调机、多联机空调系统及房间空调器等风冷设备，室外机放置于通风良好且干燥的地方，防止进出风短路、减少弯头及配管长度，如图 3-46、图 3-47 所示。

图 3-46　模块式风冷冷水（热泵）机组

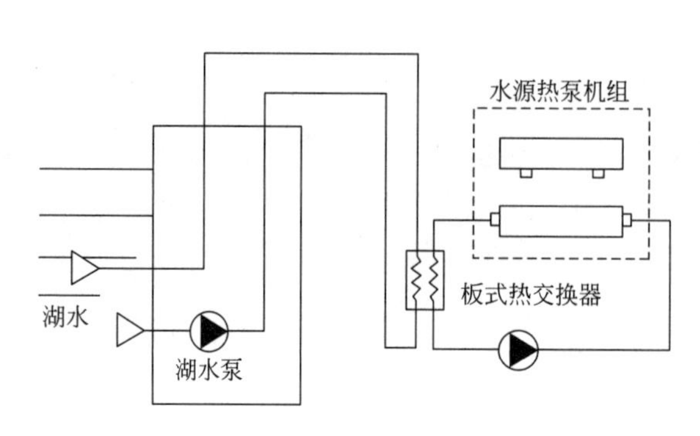

图 3-47　地源热泵原理图

图 3-48　蒸汽凝结水回收利用装置

2. 暖通空调水系统

暖通空调系统供回水温度尽量采用大温差运行，温差过小将增大水流量，冷冻水管径相应增大，消耗更多的水泵输送能耗。根据管道设计压差、循环泵的输送能效要求，考虑适应性强的变流量一级泵系统、二级泵系统；根据当地的水质情况对水系统采取必要的过滤除污、防腐蚀、阻垢、灭藻、杀菌等水处理措施；当冬季和夏季的循环水量和系统的压力损失相差很大时，空气调节的冷、热水循环需要分别设置；蒸汽锅炉的补水通常经过软化和除氧，成本较高，其凝结水温度高于生活热水所需要的温度，所以从节能和节水角度考虑，蒸汽凝结水必须进行回收利用，如图 3-48 所示。

3. 暖通空调风系统

暖通空调风系统不仅承担着室内热湿环境的调节功能，也关系到室内空气品质。对于降低风系统的冷热负荷，可以采用排风热回收装置进行预冷或预热新风，在过渡季节和冬季，优先利用室外新风供冷。为保证室内空气品质，不仅需要足够的新风量，还需要保证送风本身的洁净程度，一般可采用新风和回风过滤处理。气流组织是体感的关键之一，暖通空调系统必须合理组织气流设计；对于高大、复杂区域供暖、通风与空调的气流组织，采用计算流体力学数值模拟计算，保证室内设计热环境参数要求；技术经济合理时，可采用温湿度独立控制空调系统及辐射供冷（暖）方式。除此之外风系统设计采用综合利用不同功能的设备和管道，能减少对建筑空间的占用和材料的损失，如图 3-49 所示。

4. 监测、控制与计量

集中供暖通风与空气调节系统必须进行监测与控制，从而诊断系统故障，优化系统运行，方便管理。

（1）监测方面，建筑采暖通风空调系统能耗需要进行分类、分项计量，如燃料的消耗

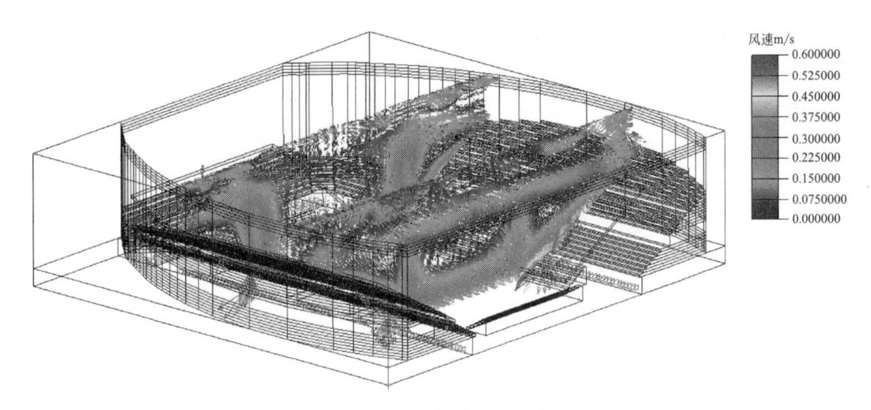

图 3-49　某场馆空调气流组织

量，冷热源主机、循环水泵及辅助加热设备的耗电量；集中供冷（热）系统的供冷供热量，补水量。采用区域性冷源和热源时，在每栋公共建筑的冷源和热源入口处设置冷量和热量计量装置；采用集中供暖空调系统时，根据不同使用单位或区域、末端系统收费或考核分区分别设置冷量和热量计量装置。重要设备、管道分别设置温度计、压力表、流量计，保证系统正常运行，如图 3-50 所示。

图 3-50　热量计量装置

（2）控制方面，集中供暖通风与空气调节系统尽量能实现指挥控制和自动控制，减少人为操作。冷热源中心能根据负荷变化要求、系统特性或优化程序进行运行调节，供暖空调控制系统尽量简单，并具备手动控制功能；采用集中空调系统且人员密度变化相对较大的房间，设置能联动控制室内新风量和空调系统的运行二氧化碳检测装置；在有机械通风的地下汽车库，设置能控制通风系统运行的一氧化碳监测和控制装置，如图 3-51、图 3-52 所示。

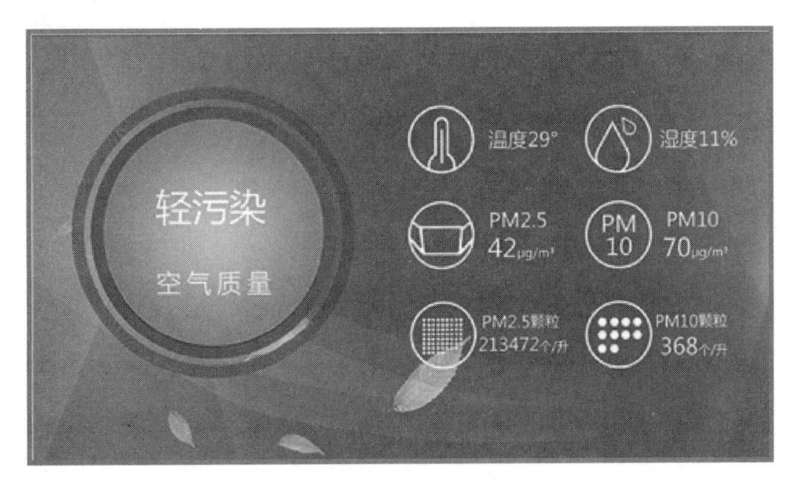

图 3-51　智慧运行

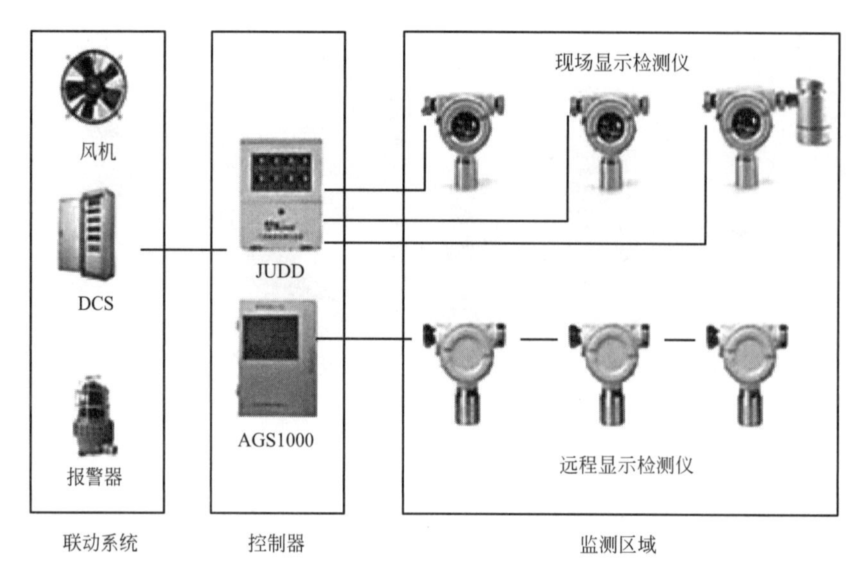

图 3-52　一氧化碳监测系统示意图

3.4.7 电气

合理设计电气系统是保证业主正常用电，设施、设备运转的基础。在方案设计阶段制定合理的供配电系统、智能化系统方案，合理采用节能技术和设备，能减少线路损耗；管道井尽量靠近负荷中心布置并便于设备和管道的维修、改造和更换；合理利用太阳能资源，也是对能源“开源”的一种好方法。

1. 供配电系统

供配电系统是整个供电系统的基础，根据当地供电条件，合理确定供电电压等级。电气系统设计根据电力负荷计算，合理选择变压器的台数和容量，保证变压器运行在经济运行参数范围内；变配电所设置在靠近负荷中心，三相负荷尽可能平衡，变压器低压侧尽量设置集中无功自动补偿装置，对单相负荷较多的供电系统，尽量采用部分分相无功自动补偿装置；结合技术条件、运行工况和经济电流的方法来选择电力电缆截面；合理设置滤波装置，如图 3-53 所示。

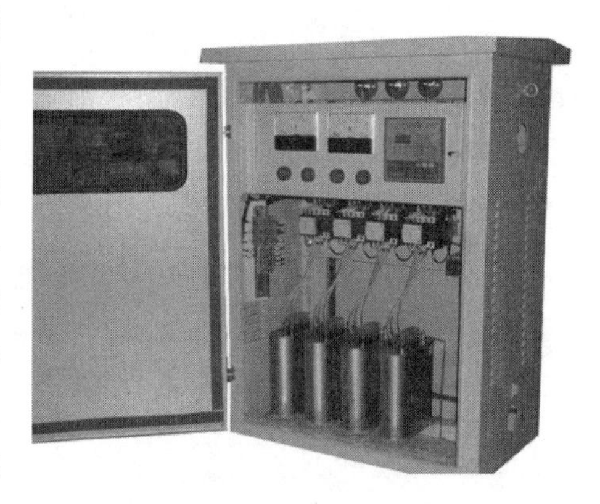

图 3-53　无功自动补偿装置

2. 照明

对于照明布置，室内照明设计一般优先考虑自然采光，并合理地布置人工照明及控制措施，确定合理的照度指标，保证具有自然采光的区域能独立控制。可设置智能照明控制系统，并具有随室外自然光的变化自动控制或调节人工照明照度的功能。对于照明控制，走廊、楼梯间、门厅、大堂、大空间、地下停车场等公共场所的照明系统根据自身特点，采取分区、定时、感应等节能控制措施，如图 3-54、图 3-55 所示。

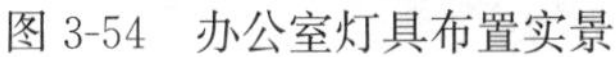

图 3-54　办公室灯具布置实景

图 3-55　地下车库灯具布置实景

对于照明质量，人员长期工作或停留的房间或场所，保证照明光源的显色指数；建筑照明质量必须符合现行国家标准规定；对于室外夜景照明，光污染的限制符合现行行业标准规定，如图 3-56 所示。

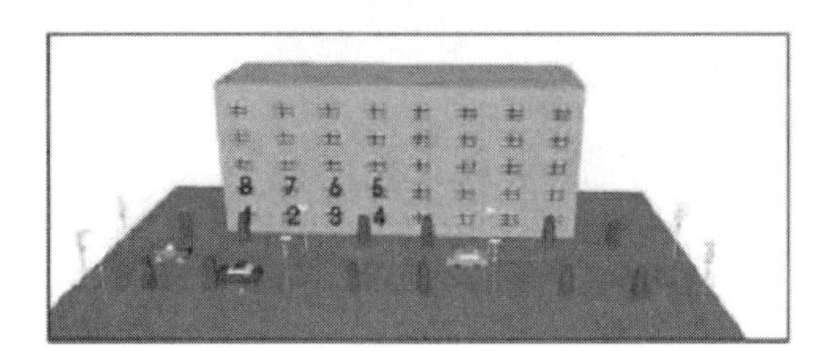

图 3-56　室外照明场所模拟图

3. 电气设备节能

电气设备采用节能产品，减少电能损耗，如变压器选择低损耗、低噪声的节能产品；配电变压器选用［D，yn11］接线组别的变压器；建筑电梯选型采用配备高效电机及先进控制技术的电梯。自动扶梯与自动人行道具有节能拖动及节能控制装置，设置感应传感器控制自动扶梯与自动人行道的启停；当两台及以上的客梯集中布置时，客梯控制系统具备按程序集中调控和群控的功能。对于长期运行且负荷波动较大、变化频繁的电动机尽量采用变频调速控制，如图 3-57 所示。

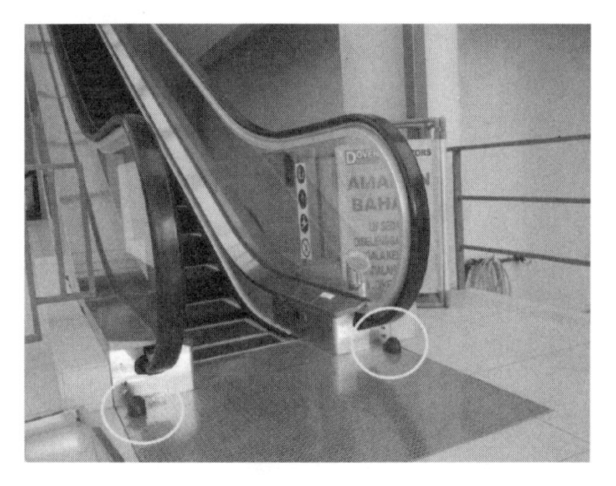

图 3-57　自动扶梯感应传感器

4. 计量与智能化

电气系统的计量与智能化是实现系统诊断、优化电气系统的基础。公共建筑按照明插座、空调、电力、特殊用电分项进行电能计量；计量装置集中设置便于数据收集，如条件限制时，可采用远程抄表系统或智能电能表，减少管理人员的抄表工作；能源综合利用及可再生能源利用系统应设置分类分项能量计量装置。

电气智能化能减少管理人员的管理工作。公共建筑设置建筑设备能源管理系统，对主要设备进行能耗监测、统计、分析和管理；大型公共建筑具有公共照明、空调、给水排水、电梯等设备进行运行监控和管理的功能；居住建筑设置光纤到户方式通信设施系统，并满足现行标准的相关要求，如图 3-58 所示。

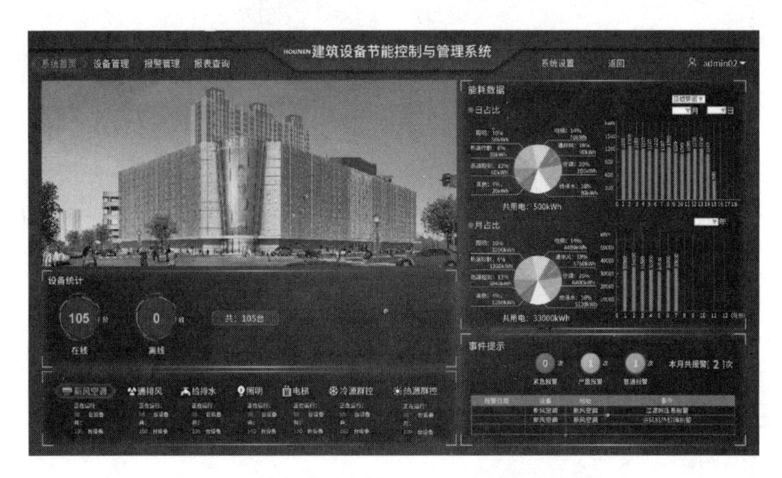

图 3-58　建筑设备监控系统控制界面

5. 信息网络

设置合理、完善的信息网络系统。保证业主通信畅通。建筑内的信息网络系统一般分为业务信息网和智能化设施信息网，包括物理线缆层、网络交换层、安全及安全管理系统、运行维护管理系统五部分。设计时需要考虑信息网络系统的物理安全和信息安全，除此之外，还需要考虑今后信息网络升级需要。

在保证网络信息安全的前提下，推荐使用智能化服务系统，如家居远程控制、安全报警、建筑设备控制等服务，并入智慧城市等功能。

3.5　绿色设计要求

3.5.1　协同设计要求

绿色设计应统筹建筑、结构、给水排水、暖通、电气、装饰装修、景观园林等各专业设计，进行协同设计。

(1) 应建立涵盖设计、生产、施工等不同阶段的协同设计机制，实现生产、施工、运营维护各方的前置参与，统筹管理项目方案设计、初步设计、施工图设计。

(2) 宜采用协同设计平台，集成技术措施、产品性能清单、成本数据库等，实现全过程、全专业、各参与方的协同设计。

（3）应按照标准化、模块化原则对空间、构件和部品进行协同深化设计，实现建筑构配件与设备和部品之间模数协调统一。

（4）宜实现部品部件、内外装饰装修、围护结构和机电管线等一体化集成。

3.5.2　数字设计要求

绿色设计宜应用 BIM 等数字化设计方式。

（1）宜采用 BIM 正向设计，优化设计流程，支撑不同专业间及设计与生产、施工的数据交换和信息共享。

BIM 正向设计是指从方案设计阶段就采用三维建模，BIM 信息不断传递，下游单位将模型作为生产和施工的依据一直延续到交付阶段。

（2）宜集成应用 BIM、地理信息系统（Geographic Information System，GIS）、三维测量等信息技术及模拟分析软件，进行性能模拟分析、设计优化和阶段成果交付。

（3）应统一设计过程中 BIM 的组织方式、工作界面、模型细度和样板文件。

（4）宜采用 BIM 信息平台，支撑 BIM 模型存储与集成、版本控制，保障数据安全。

（5）应在设计过程中积累可重复利用及标准化部品构件，丰富和完善 BIM 构件库资源。

（6）宜推进 BIM 与项目、企业管理信息系统的集成应用，推动 BIM 与城市信息模型（Computer Integrated manu-facturing，CIM）平台以及建筑产业互联网的融通联动。

3.5.3　工业化设计要求

绿色设计应积极采用工业化建造方式的结构构件、部品部件、装饰部品等。

（1）宜采用标准化构件和部件，使用集成化模块化建筑部品，提高工程品质，降低运行维护成本。

（2）应优先采用管线分离、一体化装修技术，对建筑围护结构和内外装饰装修构造节点进行精细设计。

（3）建筑装修宜优先采用装配式装修，选用集成厨卫等工业化内装部品。

3.5.4　建材选用要求

绿色设计应优先就地取材，并统筹确定各类建材及设备的设计适用年限。

（1）建筑材料的选用应符合下列规定：

① 应符合国家和地方相关标准规范环保要求。

② 宜优先选用获得绿色建材评价认证标识的建筑材料和产品。

③ 宜优先采用高强、高性能材料。

④ 宜选择地方性建筑材料和当地推广使用的建筑材料。

（2）建筑结构材料应优先选用高耐久性混凝土、耐候和耐火结构钢、耐久木材等。

（3）外饰面材料、室内装饰装修材料、防水和密封材料等应选用耐久性好、易维护的材料。

(4) 应合理选用可再循环材料、可再利用材料，宜选用以废弃物为原料生产的利废建材。

(5) 建筑门窗、幕墙、围栏及其配件的力学性能、热工性能和耐久性等应符合相应产品标准规定，并应满足设计使用年限要求。

(6) 管材、管线、管件应选用耐腐蚀、抗老化、耐久性能好的材料，活动配件应选用长寿命产品，并应考虑部品之间合理的寿命匹配性。不同使用寿命的部品组合时，构造宜便于分别拆换、更新和升级。

3.5.5 其他要求

(1) 应强化设计方案技术论证，严格控制设计变更。设计变更不应降低工程绿色性能，重大变更应组织专家对其是否影响工程绿色性能进行论证。

(2) 应在设计阶段加强建筑垃圾源头管控，按照《住房和城乡建设部关于推进建筑垃圾减量化的指导意见》(建质〔2020〕46号)的有关规定进行设计。

(3) 场地设计应有效利用地域自然条件，尊重城市肌理和地域风貌，实现建筑布局、交通组织、场地环境、场地设施和管网的合理设计。

(4) 应按照"被动式技术优先、主动式技术优化"的原则，优化功能空间布局，充分发掘场地空间、建筑本体与设备在节约资源方面的潜力。

(5) 应综合考虑安全耐久、节能减排、易于建造等因素，择优选择建筑形体和结构体系。

(6) 应根据建筑规模、用途、能源条件以及国家和地区节能环保政策对冷热源方案进行综合论证，合理利用浅层地能、太阳能、风能等可再生能源以及余热资源。

(7) 应体现海绵城市建设理念，采用"渗、滞、蓄、净、用、排"等措施对施工期间及建筑竣工后的场地雨水进行有效统筹控制，溢流排放应与城市雨水排放系统衔接。

3.6 绿色设计问题

我国建筑市场巨大，绿色设计行业有着较为广阔的发展空间，但发展多年，结合市场现状，仍存在不容忽视的问题。

3.6.1 对"设计引领"认知不足

在现行的建筑开发流程中，建设方仍承担着总设计、总统筹、总策划、总管理的角色，设计仅是建造流程中的一个阶段，而基于建设方对建筑性能、品质以及各阶段相互影响等的关心和把控能力不足，导致设计往往过于迎合建设方市场和成本的需求，而失去了"技术大脑"的作用。

3.6.2　设计方自身认知不足

设计方对设计业务在建造全过程产业链的角色和作用认知存在不足，把自己的工作范围定位在根据建设方意图绘制设计图纸上，设计是为了满足相关规范而不是实现建筑性能目标。

3.6.3　技术创新不足

现阶段设计行业已成为劳动密集型行业，市场过低的设计费导致设计院采用“薄利多销”的营销模式，设计师沦为图纸生产者，以完成“作业”为目标，极少以打造“作品”的状态进行设计，而疲惫的工作模式导致设计师对技术研发、新技术新产品的开发以及建筑性能的提升缺乏动力。

3.6.4　缺乏全过程统筹

绿色设计应统筹考虑建筑施工的便利、运行的性能以及拆除后的循环利用，设计师应协调建筑从策划到运行的建造全过程，但是现阶段大多数设计师并没有发挥全过程统筹的主导作用。

3.6.5　建造过程割裂

建设管理模式不连贯，缺乏全过程的资源整合。传统建造过程中，设计、施工、采购、运维是割裂管理的，设计阶段不需要考虑材料选择、施工便利、运维节约等问题，对建造成本、使用舒适度、建材选型以及节能运行等也考虑不多，以技术评价代替使用实效，造成技术堆砌。

3.6.6　缺乏专业和产业协同

设计各专业之间缺乏协同，设计图纸存在不少相互矛盾点。装修和景观设计滞后，与其他设计不同步完成。

设计与生产加工、施工装配、交付调适等产业不协同，造成很多结构部件难以加工或加工成本过高，也有因施工无法满足设计要求，导致建筑性能品质下降的现象。

第4章 绿色施工

4.1 绿色施工概况

绿色施工是指“在保证工程质量、施工安全等基本要求的前提下，以人为本，因地制宜，通过科学管理和技术进步，最大限度地节约资源，减少对环境负面影响的施工及生产活动”（《绿色建造技术导则（试行）》建办质〔2021〕9号），如图4-1所示。

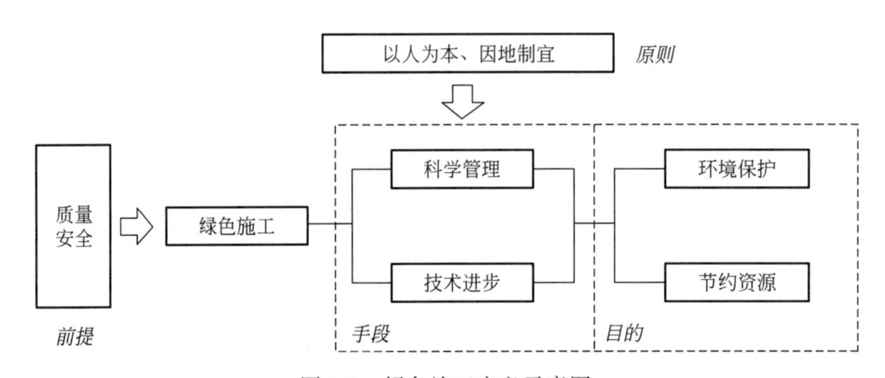

图4-1 绿色施工定义示意图

绿色施工要求将绿色施工的理念、思想和方法贯穿于工程施工的全过程，确保施工过程能更好地提高资源利用效率和保护环境。从绿色施工定义可知绿色施工基本要求是：以质量、安全为前提；以“以人为本、因地制宜”为原则；以“节约资源、保护环境”为目的。具体根据绿色施工的实施手段可分为管理要求和技术要求。

推进绿色施工，是在施工行业贯彻科学发展观、实现国家可持续发展、保护环境、用于承担社会责任的一种积极应对措施，是施工企业面对严峻的经营形式和严酷的环境压力时的自我加压、挑战历史和引导未来工程建设模式的一种施工活动。工程施工的某些环境负面影响大多具有集中、持续和突发特征，这决定了施工行业推进绿色施工的迫切性和必要性。切实推进绿色施工，使施工过程真正做到“节约资源、保护环境”，对于促使环境改善，提升建筑业环境效益和社会效益具有重要意义。

从施工过程中物质与能量的输入输出分析入手，有助于直观把握施工过程影响环境的机理，进一步理解绿色施工的实质。

从图 4-2 可以看出，施工过程是由一系列工艺过程（如混凝土搅拌等）构成，工艺过程需要投入建筑材料、机械设备、能源和人力等宝贵资源，这些资源一部分转化为建筑产品，还有一部分转化为废弃物或污染物。一般情况下，对于一定的建筑产品，消耗的资源量是一定的，废弃物和污染物的产生量则与施工模式直接相关。施工水平产生的绿色程度越高，废弃物和污染物的排放量则越小，反之亦然。

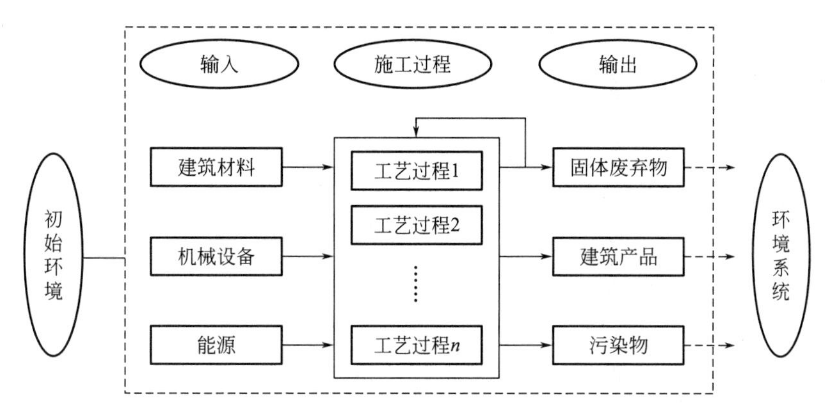

图 4-2　施工过程环境影响示意图

基于以上分析，理解绿色施工的实质应重点把握如下几个方面。

（1）绿色施工应把保护环境和高效利用资源放在重要位置。

施工过程是一个大量资源集中投入的过程。绿色施工要把节约资源放在重要位置，本着循环经济要求的 3R 原则（即减量化、再利用、再循环）来保护和高效利用资源。在施工过程中就地取材、精细施工，以尽可能减少资源投入，同时加强资源回收利用，减少废弃物排放。

（2）绿色施工应将保护环境和控制污染物排放作为前提条件。

施工是一项对现场周围乃至更大范围的环境有着相当负面影响的生产活动，施工活动除了对大气和水体有一定的污染外，基坑施工对地下水影响较大，同时，还会产生大量的固体废弃物排放以及扬尘、噪声、强光等刺激感官的污染。因此，施工活动必须体现绿色特点，将保护环境和控制污染物排放作为前提条件。

（3）绿色施工必须坚持以人为本，注重减轻劳动强度及改善作业条件。

施工行业应将以人为本作为基本理念，尊重和保护生命、保障人身健康，高度重视改善建筑工人劳动强度高、居住和作业条件较差、劳动时间偏长的状况。

根据统计数据，在城镇就业人员周平均工作时间全国平均水平为 45.8 小时时，建筑业为 49.6 小时，高于全国平均水平 8.3%；法定平均每周工作标准为 40 小时，建筑业超出法定标准 24%。基于以人为本的主导思想，着眼于建筑工人短缺的趋势，绿色施工必须将减轻劳动强度、改善作业条件放在重要位置。

（4）绿色施工必须追求技术进步，把推进建筑工业化和信息化作为重要支撑。

绿色施工不是一句口号，也不仅仅是施工理念的变革，其意在创造一种对人类、自然和社会的环境影响相对较小、资源高效利用的全新施工模式。绿色施工的实现需要技术进步和科技管理的支撑，特别要把推进建筑工业化和施工信息化作为重要方向。这两者对于节约资源、保护环境和改善工人作业条件具有重要的推进作用。

4.2 绿色施工原则

基于可持续发展理念，绿色施工必须奉行如下原则。

4.2.1 以人为本的原则

人类生产活动的最终目标是创建更加美好的生存条件和发展环境。所以，这些生产活动必须以顺应自然、保护自然为目标，以物质财富的增长为动力，实现人类的可持续发展。绿色施工把关注资源节约和保护人类的生存环境作为基本要求，把人的因素摆在核心位置，关注施工活动对生产生活的负面影响（既包括对施工现场内的相关人员，也包括对周边人群和全社会的负面影响），把尊重人、保护人作为主旨，以充分体现以人为本的根本原则，实现施工活动与人和自然和谐发展。

4.2.2 环保优先的原则

自然生态环境质量直接关乎人类的健康，影响着人类的生存与发展，保护生态环境就是保护人类的生存和发展。工程施工活动对环境有较大的负面影响，因此，绿色施工应秉承“环保优先”的原则，把施工过程的烟尘、粉尘、固体废弃物等污染物，振动、噪声和强光等直接刺激感官的污染物控制在允许范围内；这也是绿色施工中“绿色”内涵的直接体现。

4.2.3 资源高效利用的原则

资源的可持续性是人类发展可持续性的主要保障。建筑施工行业是典型的资源消耗型产业。我国作为一个发展中的人口大国，在未来相当长的时间内建筑业还将保持较大规模的需求，这必将消耗数量巨大的资源。绿色施工要把改变传统粗放的生产方式作为基本目标，把高效利用资源作为重点，坚持在施工活动中节约资源、高效利用资源，开发利用可再生资源推动我国工程建设水平持续提高。

4.2.4 精细施工的原则

精细施工可以有效减少施工过程中的失误，减少返工，从而也可以减少资源浪费。因此，绿色施工还应坚持精细施工的原则，将精细化理念融入施工过程中；通过精细策划、精细管理、严格规范标准、优化施工流程、提升施工技术水平、强化施工动态监控等方式方法促使施工方式由传统高消耗的粗放型、劳动密集型向资源集约型和智力、管理、技术密集型的方向转变，逐步践行精细施工。

4.3　绿色施工策划

在开工之前应进行绿色施工策划。

(1) 应结合施工现场及周边环境、工程实际情况等进行影响因素分析和环境风险评估，并依据分析和评估结果进行绿色施工策划。

(2) 应按照现行国家标准《建筑工程绿色施工评价标准》GB/T 50640—2010 中的优良级别，明确项目绿色施工关键指标。

(3) 应对生态环境保护、资源节约与循环利用、碳排放降低、人力资源节约及职业健康安全等进行总体分析，策划适宜的绿色施工技术路径与措施。

4.4　绿色施工内容

根据绿色策划确定的绿色施工目标，按照现行国家标准《建筑工程绿色施工评价标准》GB/T 50640—2010 结合项目实际选择绿色施工拟采取相关措施。

根据现行国家标准《建筑工程绿色施工评价标准》GB/T 50640—2010，绿色施工基本内容由施工管理、环境保护、节材与材料资源利用、节水与水资源利用、节能与能源利用、节地与土地资源保护、人力资源节约与保护、创新八个方面组成，如图 4-3 所示。

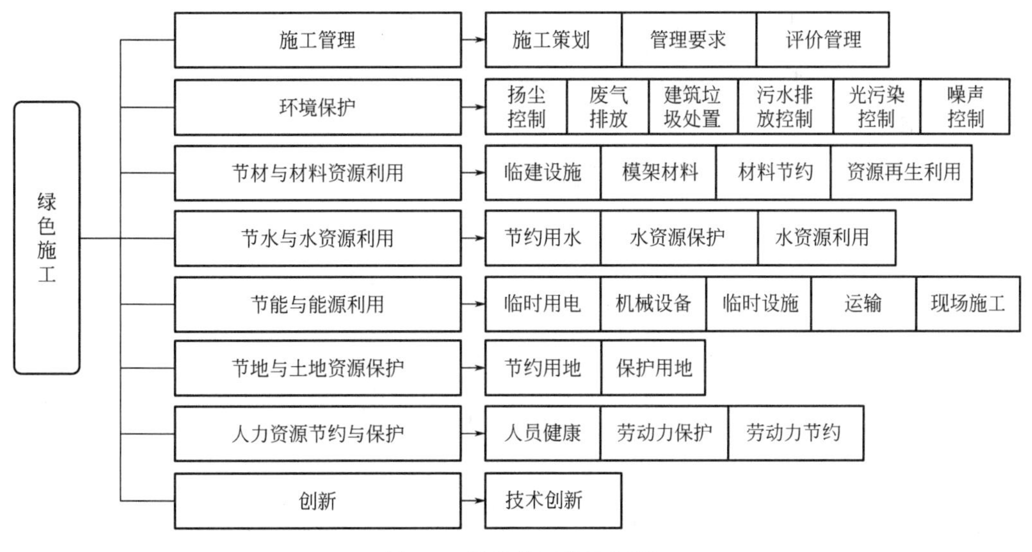

图 4-3　绿色施工总体框架

4.4.1　施工管理

绿色施工管理由施工策划、管理要求和评价管理组成。

1. 施工策划

绿色施工策划是工程项目推进绿色施工的关键环节，工程施工项目部应全力认真做好绿色施工策划。工程项目策划应通过工程项目策划书体现，是指导工程项目施工的纲领性文件之一。

工程项目绿色施工策划可通过《工程项目绿色施工组织设计》《工程项目绿色施工方案》或者《工程项目绿色施工专项方案》代替，在内容上应包括绿色施工的管理目标、责任分工体系、绿色施工实施方案和绿色施工措施等基本内容。

在编写绿色施工专项方案时，应在施工组织设计中独立成章，并按有关规定进行审批。绿色施工专项方案应包括但不限于以下内容：①工程项目绿色施工概况（应含工程概况和环境概况）；②工程项目绿色施工目标；③工程项目绿色施工组织体系和岗位责任分工；④工程项目绿色施工影响因素分析及绿色施工评价方案；⑤各分部分项工程绿色施工要点；⑥工程机械设备及建材绿色性能评价及选用方案；⑦绿色施工保证措施等。

在编写绿色施工组织设计时，应按现行工程项目施工组织设计编写要求，将绿色施工的相关要求融入相关章节，形成工程项目绿色施工的系统性文件，按正常程序组织审批和实施。

2. 管理要求

1）组织管理

绿色施工组织管理是工程项目推进绿色施工的保障体系。建立健全的绿色施工管理体系和制度是绿色施工组织管理的具体体现。

绿色施工组织管理的具体要求体现为：

（1）应建立以项目经理为第一责任人的绿色施工管理体系。

（2）施工总承包单位应对项目的绿色施工负总责，并应对专业分包单位的绿色施工实施管理与监督。

（3）应建立健全绿色施工管理体系和制度。

（4）签订分包或劳务合同时，应包含绿色施工指标要求。

2）实施管理

绿色施工实施是在施工过程中，依据绿色施工策划的要求，组织实施绿色施工的相应工作内容。绿色施工的实施要关注以下三个方面。

（1）应对整个施工过程实施动态管理，强化绿色施工的施工准备、过程控制、资源采购和绿色施工评价管理。

绿色施工应贯穿整个工程施工的过程，其任务要在各施工阶段中严格落实工程项目绿色施工策划书的要求。因此，绿色施工需要在施工过程的各主要环节中进行动态管理和控制，要充分利用绿色施工评价环节，建立持续改进机制，通过绿色施工评价促进绿色施工各阶段、各批次、各要素检查质量的提高，形成下批次防止再发生的改进意见，指导工程项目绿色施工的持续改进，引导施工人员在施工过程中控制污染排放、保护资源、合理节材，培养良好的绿色施工行为。

（2）应结合工程项目特点，重视与工程项目建设相关方的沟通，营造绿色施工氛围。

工程项目绿色施工涉及建设单位、设计、施工、监理等相关方，能否得到相关方支持关乎绿色施工的成败。因此，工程项目绿色施工要加强各相关方的交流，充分利用文件、网站、宣传栏等载体强化绿色施工沟通是至关重要的。工程项目管理人员应特别重视以下三个方面的沟通：一是强化员工绿色施工意识的沟通，使员工把环境保护和节约资源与国家发展大局联系起来，把实施绿色施工与生态文明建设结合起来，提高绿色施工的自觉性；二是强化岗位沟通，使员工拥有保护环境的强烈责任感和使命感，认识到推进绿色施工与每个人的健康和生活质量息息相关，以出色完成绿色施工的岗位责任、强化岗位沟通，通过横向到边、纵向到底，积极参与，协同配合，做好绿色施工；三是强化绿色施工投入的沟通，打通制约绿色施工的瓶颈。

（3）定期对相关人员进行绿色施工培训，提高绿色施工知识和技能。

绿色施工的贯彻落实依赖于相关人员的专业知识和素质。因此，绿色施工实施过程中要把培训列为工作重点，通过专业教育与培训，培育绿色施工操作与管理的人才队伍，为推动绿色施工提供支撑。

3）评价管理

绿色施工评价是绿色施工管理的一个重要环节，通过评价可以衡量工程项目达成绿色施工目标的程度，为绿色施工持续改进提供依据。

（1）评价目的。依据现行国家标准《建筑工程绿色施工评价标准》GB 50640—2010，对工程项目绿色施工实施情况进行评价，度量工程项目绿色施工水平，其目的有三个：一是为了解自我，客观认定本项目各类资源的节约与高效利用水平、污染排放控制程度，正确反映绿色施工方面的情况，使项目部心中有数；二是尽力督促持续改进，绿色施工评价要求建设单位、监理单位协同评价，利于绿色施工水平提高，并能借助第三方力量会同诊断，褒扬成绩，找出问题，制定对策，利于持续改进；三是定量评价数据说话，绿色施工通过交流方法对施工过程进行评估，从微观要素评价点的评价入手，体现绿色施工的宏观量化效果，利于不同项目的比较，具有科学性。

（2）指导思想。根据《绿色施工导则》和现行国家标准《建筑工程绿色施工评价标准》GB 50640—2010 的相关界定和规定，以预防为主、防治结合、清洁生产、全过程控制的现代环境管理思想和循环经济理念为指导，本着为社会负责、为企业负责、为项目负责的精神，紧密结合工程项目特点和周边区域的环境特征，以实事求是的态度开展评价工作，保证评价过程科学、细致、深入，评价结果客观可靠，以便实现绿色施工的持续改进。

（3）评价思路。

① 工程项目绿色施工评价应符合如下原则：一是尽可能简便的原则；二是覆盖施工全过程的原则；三是相关方参与的原则；四是符合项目实际的原则；五是评价与评比通用的原则。

② 工程项目绿色施工评价应体现客观性、代表性、简便性、追溯性和可调整性的五项要求。

③ 工程项目绿色施工评价坚持定量与定性相结合、以定性为主导；坚持技术与管理评价相结合，以综合评价为基础；坚持结果与措施评价相结合，以措施落实状况为评价重点。

④ 检查与评价以相关技术和管理资料为依据，重视资料取证，强调资料的可追溯性和可查证性。

⑤ 以批次评价为基本载体，强调绿色施工不合格评价点的查找，据此提出持续改进的方向，形成防止再发生的建议与意见。

⑥ 工程项目绿色施工评价达到优良时，可参与社会评优。

⑦ 借助绿色施工的过程评价，强化绿色施工理念，提升项目团队的绿色施工能力，促进绿色施工水平提高。

4.4.2 环境保护

（1）项目开工前，应进行环境影响因素分析，明确环境保护目标，并建立环境保护管理体系制度，如图 4-4 所示。

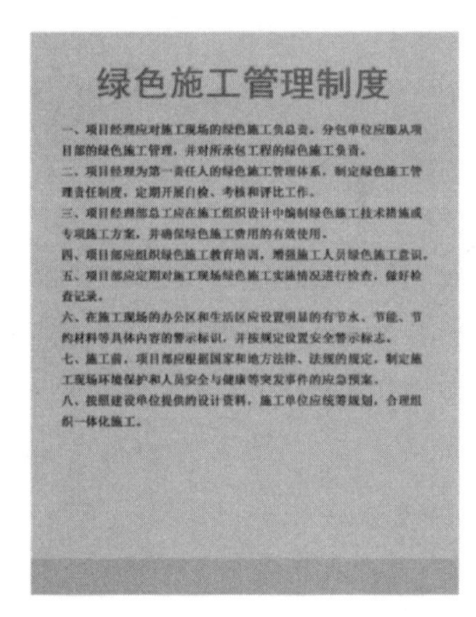

绿色施工管理制度

一、项目经理应对施工现场的绿色施工负总责。分包单位应服从项目部的绿色施工管理，并对所承包工程的绿色施工负责。

二、项目经理为第一责任人的绿色施工管理体系，制定绿色施工管理责任制度，定期开展自检、考核和评比工作。

三、项目经理部总工应在施工组织设计中编制绿色施工技术措施或专项施工方案，并确保绿色施工费用的有效使用。

四、项目部应组织绿色施工教育培训，增强施工人员绿色施工意识。

五、项目部应定期对施工现场绿色施工实施情况进行检查，做好检查记录。

六、在施工现场的办公区和生活区应设置明显的有节水、节能、节约材料等具体内容的警示标识，并按规定设置安全警示标志。

七、施工前，项目部应根据国家和地方法律、法规的规定，制定施工现场环境保护和人员安全与健康等突发事件的应急预案。

八、按照建设单位提供的设计资料，施工单位应统筹规划，合理组织一体化施工。

图 4-4 绿色施工及环境保护管理制度

（2）现场施工标牌中增加保障绿色施工的相关内容，对绿色施工主要量化控制目标，如噪声强度、扬尘高度、用水用电指标等，并在醒目位置设环境保护标识，如图 4-5、图 4-6 所示。

图 4-5 包括绿色施工内容的施工标牌

图 4-6　环保宣传标语

(3) 项目开工前，对施工现场范围内的大树、古树名木、文物古迹等资源进行调查，编制应急预案，有影响施工的大树、古树名木、文物古迹，应会同建设单位、设计单位、城市园林绿化管理部门、文物保护单位共同现场确认保护方案，如图 4-7 所示。

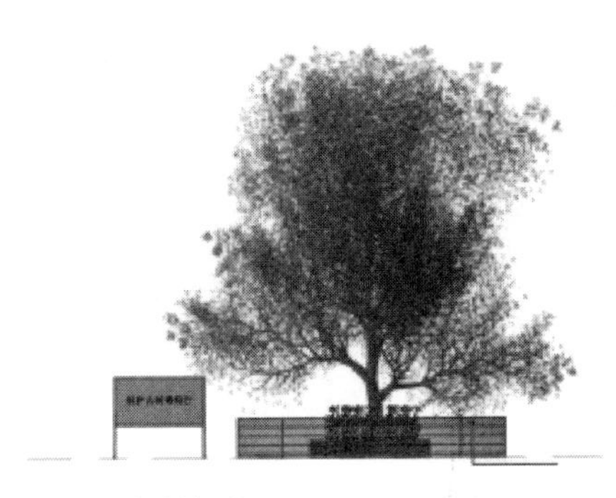

图 4-7　文物及古树保护

(4) 项目现场建立洒水清扫制度，安排专职清扫人员；结合项目条件配备喷雾降尘系统，并做好洒水或降尘记录，如图 4-8 所示。

图 4-8　洒水抑尘设备

(5) 对现场裸露土体或临时堆放采用覆盖或绿化等抑尘措施，施工道路和材料加工场地应进行硬化处理，如图 4-9 所示。

(6) 施工现场出入口设置自动洗车与用水循环利用系统，出入口设置吸湿垫，如图 4-10 所示。

图 4-9　地面绿化及硬化处理

图 4-10　自动洗车系统

（7）土方、渣土等运输车辆应采用封闭运输，材料装载不应超出车辆箱体，运输过程做到不抛不洒不漏，如图 4-11 所示。

图 4-11　渣土运输车辆

（8）易飞扬和细颗粒材料应采用密闭容器、封闭仓库储存，未使用完的易飞扬和细颗粒材料袋装回收再利用，如图 4-12 所示。

（9）垃圾清运采用袋装运输，并设置垃圾专用运输通道，如图 4-13 所示。

（10）设置建筑垃圾回收池，对各类废弃物严格分类回收；有毒有害废弃物采用封闭方式分类存放，并设置醒目的警示标识，定期由专业机构消纳处置，如图 4-14 所示。

图 4-12　封闭仓库

图 4-13　建筑垃圾垂直运输通道

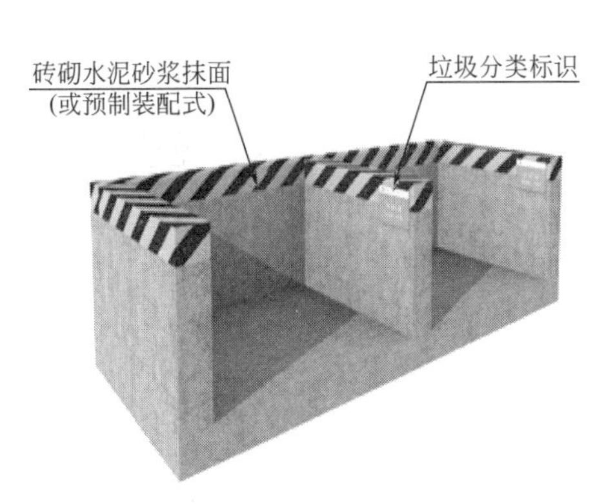

图 4-14　建筑垃圾分类回收

（11）办公区和生活区设置可回收与不可回收垃圾桶，定期清理；生活区设置密闭的集中垃圾回收站，如图 4-15 所示。

图 4-15　生活垃圾分类垃圾桶

（12）施工现场道路两边、材料堆场四周设置排水沟，污水经沉淀池处理合格后排入市政管网，禁止无组织排放；现场厕所设置化粪池，厨房设置隔油池，并定期清理，如图4-16所示。

图4-16　排水沟及三级沉淀池

（13）选用环保型、低噪声、低振动设备，如变频塔式起重机和施工电梯，加强机械设备的定期保养；加工区、输送泵等主要噪声源应远离办公区、生活区及周边噪声敏感区域，对噪声较大的机械设备采取隔音降噪设施。

（14）焊接作业尽量安排在白天进行，如需在夜间施工，应采取遮光措施；大型灯具照明应采取防止光线外泄措施，如图4-17所示。

图4-17　固定式弧光防护罩与塔式起重机镝灯光线调整

（15）在施工现场敏感区域进行喷漆作业时应设有防挥发扩散措施；施工车辆及设备废气排放符合国家年检要求。

（16）现场厨房烟气排放需加装净化装置。

（17）项目结合条件采用扬尘、噪声动态监测设施，并做好联动控制措施，如图4-18所示。

（18）积极采用先进的创新环保技术，如生态环保泥浆、淤泥无害化处理、静态爆破等。

图 4-18　扬尘、噪声动态监测与塔式起重机喷淋降尘

4.4.3　节材与材料资源利用

（1）项目开工前建立材料采购、限额领料、建筑垃圾再生利用等管理制度，并做好满足工程进度要求的材料进场计划，对进场材料留有完整的验收与入库记录。

（2）临建设施采用周转次数高的节能材料和经济、美观、占地面积小、对周边地貌环境影响较小，且适合于施工平面布置动态调整的多层轻钢活动板房、钢骨架轻质混凝土集成用房等标准化装配式结构；安全防护等附属设施采用可重复利用的标准化材料，如图 4-19 所示。

图 4-19　钢骨架轻质混凝土集成用房与装配式防护通道

（3）优先选用管件合一的脚手架和支撑体系、高周转率的新型模架体系，如图 4-20 所示。

图 4-20　碗扣式钢管脚手架与铝合金模板

（4）优先选用绿色、环保材料，如图 4-21 所示。

图 4-21　榫式连接自保温砌块与高强钢筋

（5）应用 BIM 等信息技术，合理选材、深化设计、优化方案、降低损耗；并对工程成品采取保护措施，如图 4-22 所示。

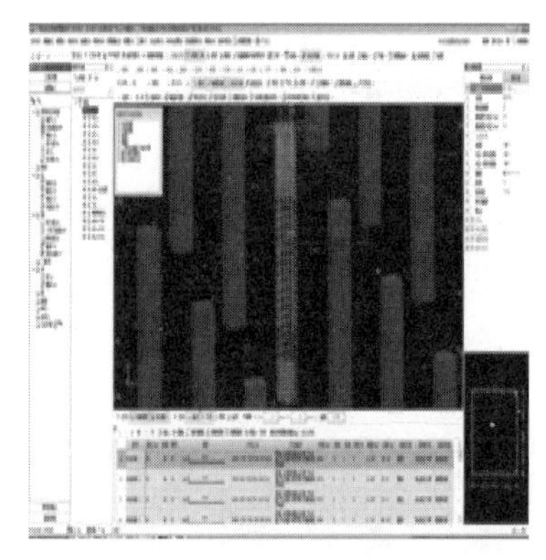

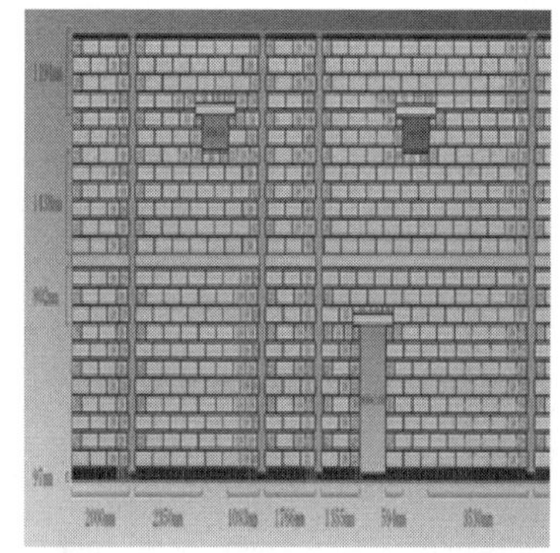

图 4-22　应用 BIM 软件优化钢筋下料与砌块预先排版

（6）在满足相关标准规范的情况下，对具备条件的施工现场，水、电、消防、道路等临时设施工程采用“永临结合”，如图 4-23 所示。

图 4-23　预制混凝土路面与消防设施永临结合

（7）对于产生的建筑余料，因地制宜合理再利用，如图 4-24 所示。

图 4-24　混凝土与模板余料利用

（8）结合项目实际情况，科学地采用自动提升、顶升模架或工作平台，以及材料集中配送与物联网管控技术、设备等新技术、新工艺和新设备，如图 4-25 所示。

图 4-25　爬架与贝雷架系统

4.4.4　节水与水资源利用

（1）根据项目特点制定节水管理制度及用水定额，按照办公用水、生活用水及生产区用水分区分阶段计量，并建立台账；定期与节水定额对比，形成用水计量考核表。

（2）施工现场供水管网应根据临时用水量设计方案进行供、排水总平面图布置并集中评审，在管网上设置多个供水点，同时应考虑不同施工阶段管网被移动的可能性。

（3）基坑抽水采用动态管理技术，减少地下水开采量，并采用污染地下水回灌。

（4）办公区、生活区 100%采用节水型器具，保留相关购买凭证并建立台账，定期检修与更换管线和器具，确保不存在“跑冒漏滴”现象，如图 4-26 所示。

（5）结合项目实际情况建立中水回收再利用系统，并安装水表定期计量，冲洗、清扫与浇灌尽量采用非传统水源，如图 4-27 所示。

（6）根据项目地域特点，经许可后可采用符合标准的江、河、湖泊水源用于施工用水。

（7）危化品封闭库房与垃圾回收池与排污口分开布置，禁止产生二次污染。

（8）施工现场混凝土养护积极采用薄膜覆盖、喷洒养护或恒温恒湿蒸汽养护等节水工艺技术，如图 4-28 所示。

图 4-26　节水器具应用与节水宣传标语

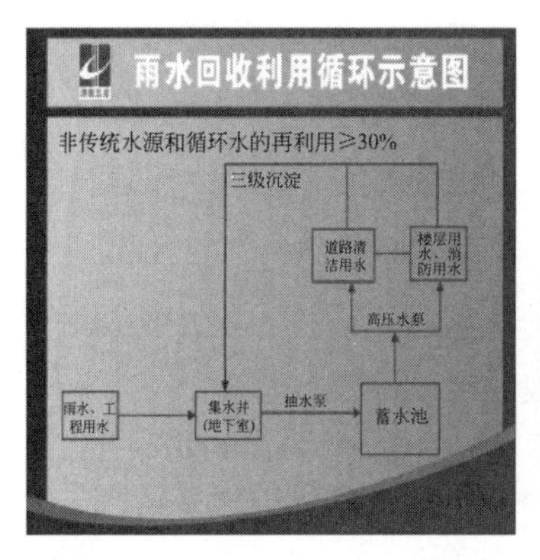

图 4-27　中水回收利用系统示意与收集、储存箱

图 4-28　混凝土覆膜养护与喷洒养护技术

4.4.5　节能与能源利用

（1）根据项目特点制定节能管理制度及用电定额，按照办公用电、生活用电及生产区用电分区分阶段计量，并建立台账；定期与节能定额对比，形成用电计量考核表。

（2）制定施工大型功耗设备能耗总体计划，实行一机一表，每月抄表计量能耗数据，对其进行能耗评估，并建立主要能耗设备清单，如图 4-29 所示。

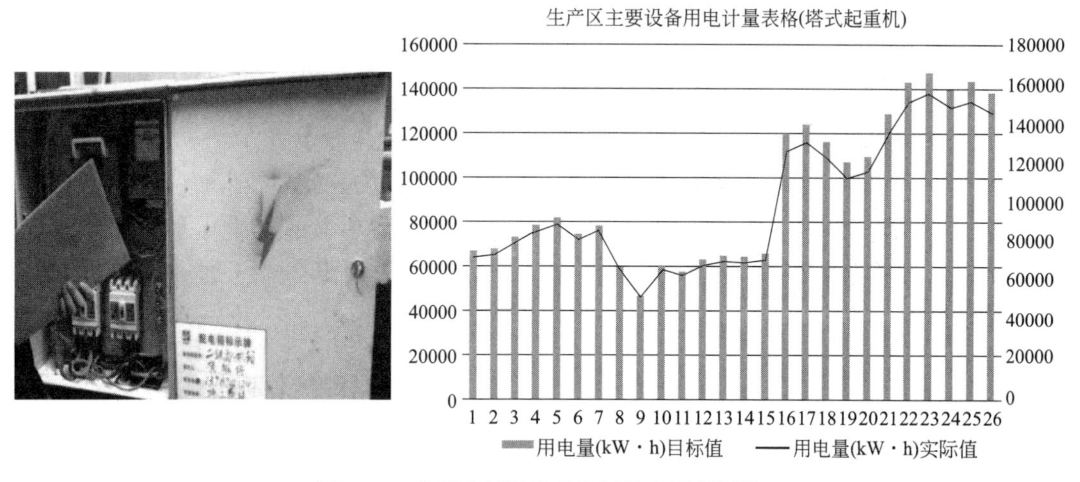

图 4-29　大型功耗设备单独计量与阶段评估

（3）临时用电合理规划线路铺设、配电箱配置与照明布局，办公区和生活区 100%采用节能照明灯具，如图 4-30 所示。

图 4-30　节能灯具应用

（4）施工过程中选择能源利用效率高的机械设备，合理安排施工工序和施工进度，共享施工机具资源，建立机械设备管理档案，定期检查保养，如图 4-31 所示。

图 4-31　变频塔式起重机及空调设备

（5）临时设施结合日照和风向等自然条件，合理采用自然采光、通风措施，使用热工性能达标的复合墙体和屋面板，并采取外窗遮阳、窗帘等防晒措施，如图 4-32 所示。

图 4-32　热工性能达标的复合墙体材料与遮阳措施

（6）建筑材料及设备遵循就近原则，主要材料原产地距施工现场 500km 范围以内的使用量达到 70%以上；合理布置施工总平面图，避免现场二次搬运。

（7）分析施工机械的使用频次、进场时间、使用时间等，合理安排施工工序，以减少施工现场或作业面内的机械使用数量和电力资源的浪费，提高机械设备的使用效率；尽量减少夜间、冬雨季施工，避开用电高峰，在用电需求侧提高能源使用效率。

（8）结合项目地域特点，加大再生能源或清洁能源设备应用，科学采用自动控制装置，如图 4-33 所示。

图 4-33　清洁能源设备与智能限电器

4.4.6　节地与土地资源保护

（1）施工现场平面布置应分阶段合理布置并实行动态管理，根据土方施工、地基基础施工、地下室结构施工、主题结构施工、二次结构与装饰装修施工、设备安装与调试等阶段科学合理布置，节约临建用地，如图 4-34 所示。

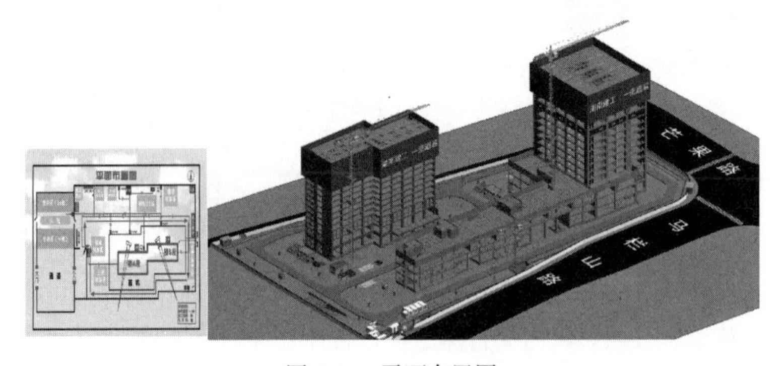

图 4-34　平面布置图

（2）基于保护和使用的目的，在进场施工前完成“三通一平”移交工作，充分了解用地红线范围内及毗邻区域内人文景观保护要求，工程地质情况及管线、管廊等基础设施分布情况，有针对性地制定保护措施，并报请相关方核准，如图 4-35 所示。

图 4-35　人文景观与设施保护

（3）结合在建项目拟建永久绿化及周边永久绿化，提高场内绿化面积，保持水土稳定；无法利用的死角空地均种植绿色植被；施工道路、材料堆场、材料加工区进行硬化，人行道、停车场铺设道路砖或镂空砖，如图 4-36 所示。

图 4-36　施工现场场内绿化与人行道地砖铺设

（4）合理利用山地、荒地作为取、弃土场用地，对于生态脆弱地区在施工完成后，进行施工区域内的植被和地貌复原，如图 4-37 所示。

图 4-37　植被与地貌恢复

（5）施工现场临建设施布置紧凑合理，在满足相关规范的前提下科学组织尽可能减少盲区和死角，临时设施占地面积有效利用率大于90%。

（6）充分利用既有建筑物、构筑物、既有道路等设施为施工服务，如图4-38所示。

图4-38　利用既有建筑与道路

图4-39　实名制通道舱

4.4.7　人力资源与保护

（1）在绿色施工专项方案中编制人力资源计划，并建立相关管理制度。

（2）对项目管理人员、劳务人员进行实名制管理，施工现场设立出入场门禁系统，采用人脸、指纹、虹膜等生物识别技术进行电子打卡，如图4-39所示。

（3）建立食堂管理制度，按要求办理并张贴餐饮服务许可证，炊事员应获得有效健康证明，如图4-40所示。

餐饮服务许可证

单位名称：

法定代表人（负责人或业主）：

地　　址：

类　　别：

备　　注：

发证机关

有效期限：

国家食品药品监督管理局制

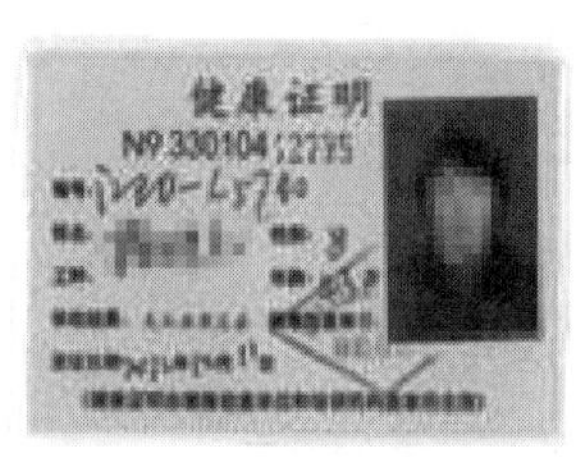

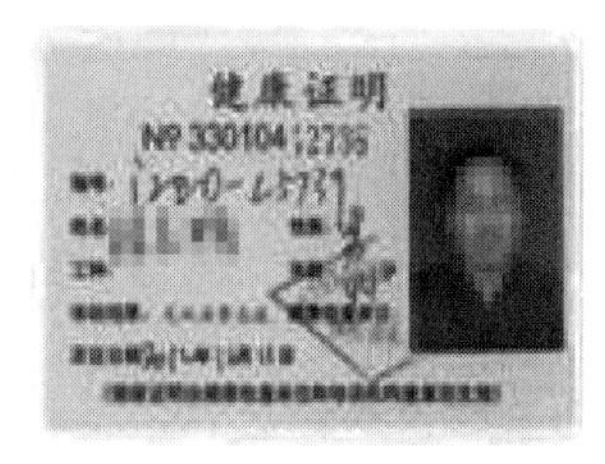

图4-40　餐饮服务许可证与有效健康证明

（4）制定职业病预防措施，定期对高原地区施工人员、从事有职业病危害作业的人员进行体检。

（5）生活、办公区域设置可回收与不可回收垃圾桶，生活垃圾堆放区域定期消毒；餐厨垃圾单独回收处理，并定期清运；有毒有害物质远离生活区布置，采用专用库房存放，存放处采取隔离措施，并做好易渗漏物的收集和处理，如图4-41所示。

图 4-41　垃圾分类回收桶与有毒有害物品回收桶

（6）编制人员健康应急预案，现场设置医务室，以及应急疏散、逃生标志与应急照明灯，如图 4-42 所示。

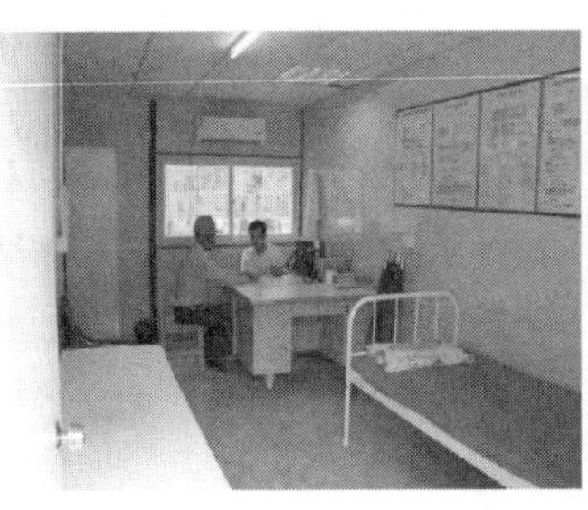

图 4-42　施工现场医务室与应急演练

（7）施工现场危险地段、设备、有毒有害存放等存放处设置醒目安全标志，对深井、密闭环境、防水和室内装修施工配备应急通风设施，如图 4-43 所示。

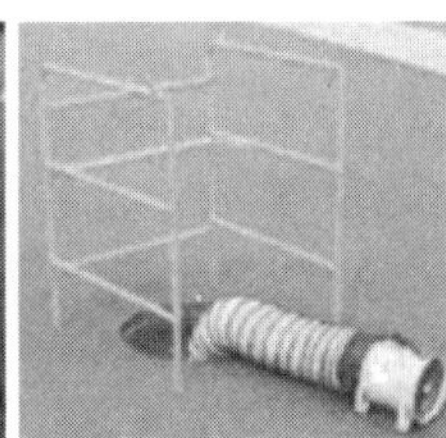

图 4-43　管道式通风设备

（8）生活区配置低压风扇、节能空调等消暑设施，现场设置休息区、茶水间与吸烟室等，如图 4-44 所示。

图 4-44　施工现场茶水间、休息室

（9）优化施工组织设计和绿色施工方案，合理安排工序；因地制宜编制各施工阶段劳动使用计划，合理投入施工作业人员；建立劳动力使用台账、施工人员培训计划和培训实施台账，定期统计分析施工现场劳动力使用情况。

（10）结合项目实际情况积极采用高效的施工机具和设备，例如机械喷涂、抹灰等自动化施工设备。

4.4.8 创新

绿色施工创新主要是指技术创新，技术创新包括但不限于以下技术：装配式施工技术；信息化施工技术；地下资源保护及地下空间施工技术；建材与施工机具和设备绿色性能评价及选用技术；钢结构、预应力结构和新型结构施工技术；高性能混凝土应用技术；高强度、耐候钢材应用技术；新型模架开发与应用技术；现场废弃物减排及回收再利用技术；其他先进施工技术。

4.5 绿色施工要求

4.5.1 协同与优化设计要求

（1）应在项目前期进行设计与施工协同，根据工程实际情况及施工能力优化设计方案，提高施工机械化、工业化、信息化水平。

（2）应进行多层级交底，明确绿色设计重点内容、绿色建材产品使用要求。

（3）应结合加工、运输、安装方案和施工工艺要求，对工程重点、难点部位和复杂节点等进行深化设计。

（4）在满足设计要求的前提下，应充分考虑施工临时设施与永久性设施的结合利用，实现永临结合。

（5）部品部件生产应与设计、物流、现场施工进行有效协同与联动。

4.5.2 环境保护要求

（1）应通过信息化手段监测并分析施工现场扬尘、噪声、光、污水、有害气体、固体废弃物等各类污染物。

（2）应采取措施减少扬尘排放，PM10 和 PM2.5 不得超过当地生态环境部门或住房和城乡建设主管部门要求的限值。

（3）现场有害气体应经净化处理后排放，排放标准应符合现行国家标准《环境空气质量标准》GB 3095—2012 和《民用建筑工程室内环境污染控制标准》GB 50325—2020 的规定。

（4）应采取措施控制噪声和振动污染，噪声限值应满足现行国家标准《建筑施工场界环境噪声排放标准》GB 12523—2011 的规定，振动限值应符合现行国家标准《城市区域环境振动标准》GB 10070—1988 的规定。

（5）应采取措施保护施工现场及周边水环境，减少地下水抽取，避免施工场地的水土污染。

（6）应采取措施减少污水排放。排入城市污水管网的施工污水应符合现行国家标准《污水排入城镇下水道水质标准》GB/T 31962—2015 的规定。没有纳管条件的，应处理达到相关排放标准或收纳水体要求后，方可排放。

（7）应采取措施减少光污染，光污染限值应满足现行行业标准《城市夜景照明设计规范》JGJ/T 163—2008 的规定。

（8）宜采用装配化施工工艺，建筑内外装修优先采用装配式装修等干式工法施工工艺及集成厨卫等模块化部品部件，减少现场切割及湿作业。

（9）应采用先进施工工艺与方法，从源头减少有毒有害废弃物的产生。对产生的有毒有害废弃物应 100%分类回收、合规处理。

（10）拆除施工应制订环境保护计划，选择对环境影响小的拆除工艺。对拆除过程中产生的废水、噪声、扬尘等应采取针对性防治措施，并制定拆除垃圾处理方案。

4.5.3　资源节约要求

（1）应采用精益化施工组织方式，统筹管理施工相关要素和环节，提升施工现场精细化管理水平，减少资源消耗与浪费。

（2）应推广使用新型模架体系，提高施工临时设施和周转材料的工业化程度和周转次数。

（3）部品部件安装应采用与其相匹配的工具化、标准化工装系统，采用适用的安装工法，制定合理的安装工序，减少现场支模和脚手架搭建。

（4）应积极推广材料工厂化加工，实现精准下料、精细管理，降低建筑材料损耗率。

（5）应加强施工设备的进场、安装、使用、维护保养、拆除及退场管理，减少过程中设备损耗。

（6）应采用节能型设备，监控重点能耗设备的耗能，对多台同类设备实施群控管理。

（7）应结合工程所在地地域特征，积极利用适宜的可再生能源。

（8）应因地制宜对施工现场雨水、中水进行科学收集和合理利用。

（9）应科学布置施工现场，合理规划临时用地，减少地面硬化。宜利用再生材料或可周转材料进行临时场地硬化。

（10）应采取措施减少固体废弃物产生，建筑垃圾产生量应控制在现浇钢筋混凝土结构每万 m^2 不大于 300 吨，装配式建筑每万 m^2 不大于 200 吨（不包括工程渣土、工程泥浆）。

4.5.4　信息技术应用要求

（1）应通过信息技术促进设计、生产、施工、运营维护等产业链联动，支持项目多参与方协同工作，实现建造全过程统筹管理。

（2）宜基于 BIM 设计信息，推进工厂生产全流程自动化、信息化、智能化。

（3）宜采用 BIM 等信息技术进行深化设计和专业协调，避免“错漏碰缺”等问题。

对危险性较大和工序复杂的方案应进行三维模拟和可视化交底。

（4）应根据项目需求和参建单位情况，采用智慧工地管理系统，实现信息互通共享、工作协同、智能决策分析、风险预控。

（5）应采用信息通信技术对施工设备的基础信息、进出场信息和安装信息等进行管理，对塔式起重机、施工升降机等危险性较大设备的运行数据进行实时采集和监控。

（6）宜采用自动化施工器械、智能移动终端等相关设备，提升施工质量和效率，降低安全风险。积极推广使用建筑机器人进行材料搬运、抹灰、铺墙地砖、钢筋加工、喷涂、高空焊接等工作。

4.5.5 其他要求

（1）绿色施工应符合现行国家标准《建筑工程绿色施工规范》GB/T 50905—2014 和《建筑工程绿色施工评价标准》GB/T 50640—2010 的要求。

（2）应根据绿色施工策划进行绿色施工组织设计、绿色施工方案编制。

（3）应建立与设计、生产、运营维护联动的协同管理机制。

（4）应积极采用工业化、智能化建造方式，实现工程建设低消耗、低排放、高质量和高效益。

（5）宜积极运用 BIM、大数据、云计算、物联网以及移动通信等信息化技术组织绿色施工，提高施工管理的信息化和精细化水平。

（6）应建立完善的绿色建材供应链，采用绿色建筑材料、部品部件等。

（7）应编制施工现场建筑垃圾减量化专项方案，实现建筑垃圾源头减量、过程控制、循环利用。

（8）鼓励对传统施工工艺进行绿色化升级革新。

（9）应加强绿色施工新技术、新材料、新工艺、新设备应用，优先采用“建筑业 10 项新技术”。

（10）部品部件生产应采用环保生产工艺和设备设施，并应严格执行质量管理体系、环境管理体系和职业健康安全管理体系。

（11）部品部件生产应提高数字化、智能化水平，逐步实现精益生产、智能制造。

（12）应制定消防疏散、卫生防疫、职业健康安全等管理制度和突发事件应急措施，保障人员身心健康。

4.6 绿色施工问题

尽管绿色施工已在我国得到了认可，绿色施工意识已深入人心，工程项目绿色施工的示范也已普及推广，但在推进过程中仍然面临着诸多问题和困难。

4.6.1 对“绿色”和“环保”的认识还有待进一步提升

大规模经济建设初期，我国在局部地区存在重视经济发展而忽略环境保护的倾向。伴随着近年来气候异常、环保事故频发等问题的出现，人们开始意识到保护环境的重要性。绿色施工观念也开始被我国建筑行业所熟悉和认知，但仍存在许多认识误区。

工程建设的相关方，如建设单位、设计单位、施工单位等，还不能清楚认识绿色施工的内涵，常常混淆绿色建筑、绿色建造、文明施工等概念。有的企业只停留在绿色施工表层工作，忽视绿色施工过程的实质运行，从而使绿色施工实施效果欠佳。此外，推进绿色施工还存在片面性，有的企业认为绿色施工就是实施封闭施工，没有尘土飞扬，没有噪声扰民，工地四周栽花、种草，实施定时洒水等，忽略了绿色施工的保护资源、资源高效利用、保护环境、改善作业条件和降低劳动强度等深刻内涵。同时，施工企业推行绿色施工的意识还不够，很少有企业能够把绿色施工作为自己的自觉行动，推进绿色施工的意识有待进一步提高。

4.6.2　绿色施工各参与方责任还未得到有效落实，相关法律基础和激励机制有待建立健全

施工活动牵涉到政府、建设、设计、监理和施工等各相关方，施工方无疑是绿色施工的实施主体，但是仅靠施工方一家的努力是难以实现绿色施工的。绿色施工的推行需要政府的引导监管，建设单位的资源和资金支撑，设计单位的技术支持，监理单位的现场旁站监督，只有这样才能保证绿色施工落到实处。因此，落实建设相关方责任是绿色施工推进的基本前提。

另外，绿色施工涉及经济学方面的外部性问题，建设单位、设计单位和施工单位往往缺乏实施绿色施工的动力。因此，推进绿色施工需要立法予以保障，需要建立激励机制，营造良好的绿色施工环境，引导、督促建设、设计、监理和施工等相关方切实履行社会责任，全力推进绿色施工实施。

4.6.3　现有技术和工艺还难以满足绿色施工的要求

绿色施工是提倡以节约和保护资源、降低消耗、减少污染物的产生和排放量为基本要求的施工模式，然而目前施工过程中普遍采用的施工技术和工艺仍是以质量、安全和工期为目标的传统技术，缺乏综合“节约资源、保护环境”的关注，缺乏针对绿色施工技术的系统研究，围绕建筑工程地基基础、主体结构、装饰装修和机电安装等环节的具体绿色施工技术的研究也大多处于起步阶段。同时，我国在混凝土施工过程中的环境保护和节能等方面尚存在许多不绿色的情况。此外，许多施工现场使用的施工设备仅能满足生产功能的简单要求，其能耗、噪声排放等指标仍然较为落后。综上所述，当前施工现场采用的施工技术、工艺和设备，难以满足绿色施工的要求，影响了绿色施工的推进。

4.6.4　资源再生利用水平不高

资源再生利用水平不高主要表现：一是许多建筑还未到使用寿命期限就被拆除，造成了大量的资源消耗和浪费。二是我国每年产生的建筑废弃物数量惊人，但资源化利用率不足 40%，与德国、美国、日本、荷兰等国家超过 90%的资源化利用率相比，还有很大的

提升空间，这加剧了建筑业的资源消耗，造成了巨大的资源压力。三是不合理的施工方式导致大量的水资源浪费。如地下空间的开发和利用使基坑面积和深度越来越大，地下降水施工的无序状态使我国水资源紧张的情况更加加剧。总之，当前的施工方式导致资源可再生利用水平低下，也造成了水资源浪费，制约了施工过程的绿色化水平。

4.6.5 绿色施工策划与管理能力还有待提高

绿色施工策划的深度有待提高，基于工程实施层面的绿色施工研究不够，工程项目绿色施工的科学管理仍然存在问题，切实结合工程项目实施所编制的较高水平的绿色施工策划文件还不多，也是影响绿色施工落在实处的原因之一。

4.6.6 信息化施工和管理的水平不高，工业化进程缓慢

信息化和工业化是推动绿色施工的重要支撑。一方面，信息化对改造和提升施工工艺与水平、促进绿色施工具有重要作用。然而，目前我国施工行业推进信息化尚处在摸索阶段，尚没有适于工程项目管理的软件工作平台和指导信息化施工的管理系统，这是亟待解决的重大课题。另一方面，建筑工业化的进程制约着绿色施工的推进。毫无疑问，工业化生产更有利于控制施工过程中的资源浪费和环境污染。但是由于种种因素的制约，我国绿色工业化的进程一直比较缓慢，这在很大程度上影响了绿色施工的推进。

第5章　绿色交付

5.1　绿色交付概况

绿色交付是指“在综合效能调适、绿色建造效果评估的基础上，制定交付策略、交付标准、交付方案，采用实体与数字化同步交付的方式，进行工程移交和验收的活动”（《绿色建造技术导则（试行）》建办质〔2021〕9号），如图5-1所示。

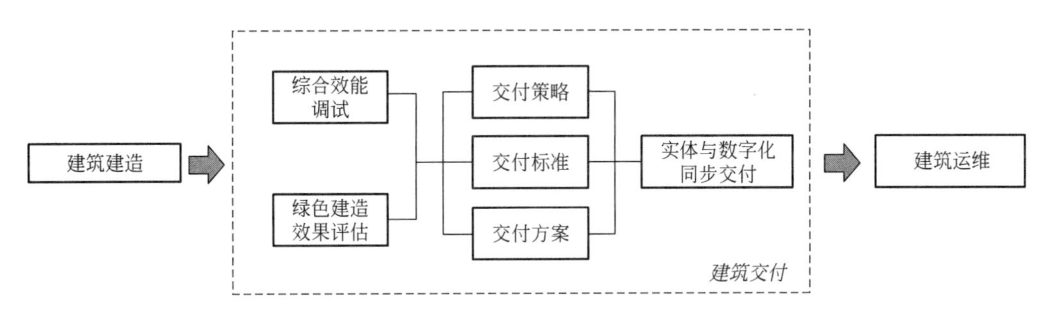

图5-1　绿色交付定义示意图

绿色交付是在原来施工验收的基础上针对绿色建造提出的更高要求，要求对建筑的综合效能进行调试并对绿色策划提出的目标进行验证、评估，在此基础上，结合工程实际，因地制宜地提出交付策略、交付标准和交付方案并组织实施，同时，绿色建造的交付必须采用实体与数字化同步交付的方式。

5.2　绿色交付原则

5.2.1　指导运维的原则

绿色交付的目的是将建造过程中采集的数据（包括设计数据和施工数据）向运维阶段

传递，对良性运维提供指导，确保建筑安全、绿色且性能优越地运行。

5.2.2 实体与数字化同步交付的原则

信息化是绿色建造“五化”特征之一，要求结合实际需求，有效采用 BIM、物联网、大数据、云计算、移动通信、区块链、人工智能、机器人等相关技术，整体提升建造手段信息化水平。绿色建造鼓励采用 BIM 正向设计，实现基于同一模型的全寿命期数据传递，确保质量可追溯的同时，有效指导运行维护。

5.2.3 后性能评估的原则

绿色交付要求基于综合效能调适和绿色建造效果评估，也就是要求不再以设计相关参数作为建成后建筑性能的认定标准，而改用实际性能评估数据。

5.3 绿色交付策划

在工程开工前应进行绿色交付策划。

（1）应根据建筑类型和运营维护需求确定绿色建造项目的实体交付内容及交付标准。

（2）宜按照城市信息化建设要求和运营维护需求，制定数字化交付标准和方案，明确各阶段责任主体和交付成果。

（3）应明确综合效能调适及绿色建造效果评估的内容及方式。

5.4 绿色交付内容

5.4.1 综合效能调适

综合效能调适是指通过对建筑设备系统的调试验证、性能测试验证、季节性工况验证和综合效果验收，使系统满足不同负荷工况和用户使用的需求，如图 5-2 所示（《绿色建筑运行维护技术规范》JGJ/T 391—2016）。

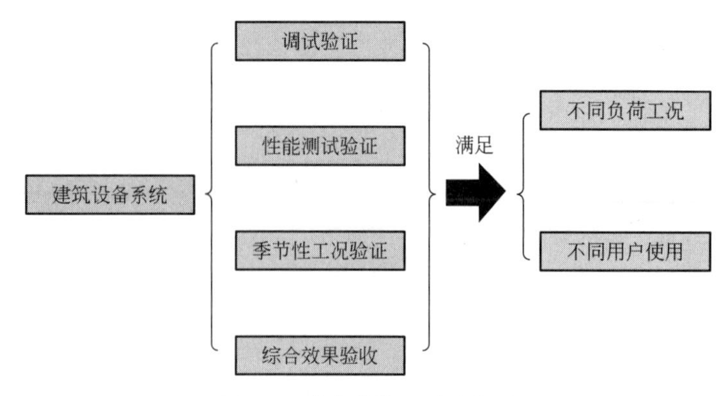

图 5-2 综合效能调适示意图

绿色建筑完成全部施工内容后，应进行综合效能调适。绿色建筑应制订针对建筑设备系统的具体综合效能调适计划，并进行综合效能调适。综合效能调适计划应包括各参与方的职责、调适流程、调适内容、工作范围、调适人员、时间计划及相关配合事宜。综合效能调适应包括夏季工况、冬季工况以及过渡季节工况的调适和性能验证。

综合效能调适过程如下。

(1) 综合效能调适应包括现场检查、平衡调试验证、设备性能测试及自控功能验证、系统联合运转、综合效果验收等过程。

(2) 平衡调试验证阶段应进行空调风系统与水系统平衡验证，平衡合格标准应符合现行国家标准《建筑节能工程施工质量验收标准》GB 50411—2019 的有关规定。

(3) 自控系统的控制功能应工作正常，符合设计要求。

(4) 主要设备实际性能测试与名义性能相差较大时，应分析其原因，并应进行整改。

(5) 综合效果验收应包括建筑设备系统运行状态及运行效果的验收，使系统满足不同负荷工况和用户使用的需求。

(6) 综合效能调适报告应包含施工质量检查报告，风系统、水系统平衡验证报告，自控验证报告，系统联合运转报告，综合效能调适过程中发现的问题日志及解决方案。

建设单位应在综合效果验收合格后向运行维护管理单位进行正式交付，并应向运行维护管理单位移交综合效能调适资料。

建筑系统交付时，应对运行管理人员进行培训，培训宜由调适单位负责组织实施，施工方、设备供应商及自控承包商参加。

5.4.2 效果评估

应对绿色建造节约资源和保护环境的效果进行评估，形成效果评估报告。绿色建造效果评估宜在建筑连续运营一年以上后进行，评估可由建设方组织各参与方自行进行，也可委托第三方进行。

效果评估的主要内容包括建筑室内外环境品质、建筑运营的能源资源消耗量以及建筑使用者主观的评价等。

效果评估前应制定评估指标体系，参考团体标准《绿色建筑运营后评估标准》T/CECS608—2019，但需要增加绿色施工及海绵城市相关指标，评估指标体系可由：建筑运营时期使用效果（污染物控制、碳排放控制、能耗、水耗、空气质量、用水质量、室内舒适度、建设运营成本、用户满意度等）、绿色施工效果、海绵城市建设效果组成，见表 5-1。

绿色建造效果评估指标体系　　表 5-1

指标体系	参考标准
建筑运营时期使用效果	《绿色建筑运营后评估标准》T/CECS608—2019
绿色施工效果	《建筑工程绿色施工评价标准》GB/T 50640—2010
海绵城市建设效果	《海绵城市建设评价标准》GB/T 51345—2018

5.4.3 数字化交付

建筑工程数字化交付是指采用约定的电子文件格式来实现向相关方提交工程勘察设计文件和竣工资料的过程。

数字化交付区别于传统以纸介质为主体的交付方式，不是单纯地将纸质档案改为电子档案进行移交，不是将纸质档案扫描后进行提交的形式上的数字化，而是从文件产生的源头就进行控制，在工程建设的全寿命周期中，各参与方基于同一数字模型，在各自负责的环节对自己产出物的数据负责，共同参与、共同协作，形成整个工程的数据资料，如图 5-3 所示。

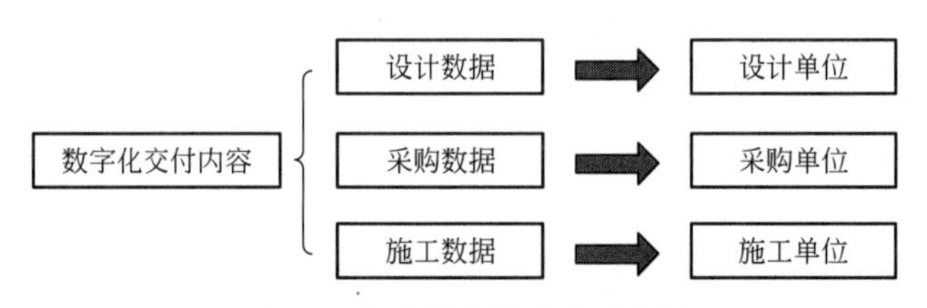

图 5-3　数字化交付内容示意图

按照项目建设的主要阶段划分，数字化交付的内容宜包括以下几个方面。

（1）设计类：如图纸、模型、数据表、计算书等。

（2）采购类：如制造图纸和模型、属性信息、随机资料等。

（3）施工类：如过程记录表格、质量检验文件等。

（4）项目管理类：如合同、变更、联络单、费用和进度等。

5.5 绿色交付要求

5.5.1 交付要求

（1）应对建筑开展综合效能调适，包括夏季工况、冬季工况及过渡季节工况的调适和性能验证，使建筑机电系统满足绿色建造目标和实际使用等要求。

（2）应组织相关各方建立综合效能调适团队，明确各方职责，编制调适方案，制订调适计划。

（3）综合效能调适的内容和要求应符合现行行业标准《绿色建筑运行维护技术规范》JGJ/T 391—2016 的规定。综合效能调适完成后，应将相关技术文件存档。

（4）数字化交付的内容及标准应执行工程所在地的相关规定。当所在地区未规定时，可由建设单位牵头确定，各参建单位遵照执行。

（5）数字化交付内容应包含数字化工程质量验收文件、施工影像资料、建筑信息模型等。应编制说明书，详细说明交付的范围与内容。

（6）建筑信息模型应按单位工程进行划分组建，每个单位工程包含建筑、结构、给水排水、电气、暖通等分专业模型以及综合模型文件。

（7）应基于构件维护、保养、更换、质量追溯等需求，为建筑信息模型构件建立编码，并确保构件编码的唯一性。

（8）服务数字化运营维护的建筑信息模型应包含供应商和维护保养等信息。

（9）数字化交付过程中数据传递应遵守相关保密规定。

5.5.2　效果评估要求

（1）应对绿色建造节约资源和保护环境的效果进行评估，并形成效果评估报告。可采用内部自评的形式，或委托具备评估能力的技术服务单位进行评估。效果评估应包含但不限于绿色施工、减排、海绵城市建设等内容。

（2）效果评估的具体内容、参考标准、评估结果以及证明材料等应进行汇总，形成绿色建造效果评估表。

（3）证明材料应包括但不限于设计文件、专项报告、分析计算报告、现场检测报告等。

（4）进行绿色施工效果评估时，证明材料应包括绿色施工评价定级报告，评价定级方法应按照现行国家标准《建筑工程绿色施工评价标准》GB/T 50640—2010 执行。

（5）进行减排效果评估时，证明材料应包括碳排放计算报告，计算方法应按照现行国家标准《建筑碳排放计算标准》GB/T 51366—2019 执行。

（6）场地和地块海绵城市建设效果评估，应按照现行国家标准《海绵城市建设评价标准》GB/T 51345—2018 执行。

5.5.3　其他要求

（1）项目交付前应进行绿色建造的效果评估。

（2）项目交付前应完成绿色建筑的相关检测，提交建筑使用说明书。

（3）应核定绿色建材的实际使用率，提交核定计算书。

（4）应将建筑各分部分项工程的设计、施工、检测等技术资料整合和校验，并按相关标准移交建设单位和运营单位。

（5）应制定建筑物各子系统（机电设备系统、消防系统等）的运行操作规程和维护保养手册。

（6）应按照绿色交付标准及成果要求提供实体交付及数字化交付成果。数字化交付成果应保证与实体交付成果信息的一致性和准确性，建设单位可在交付前组织成果验收。

5.6　绿色交付问题

5.6.1　交付不同步

因为各种各样的原因，同一个工程的不同分部工程往往不能同步交付，如土建与装修不同步、建筑本体与室外景观工程不同步、其地下室或裙楼的塔楼不同步、消防工程与其他工程不同步等，而这些不同步的分部工程之间又存在着密不可分的联系，给验收和后期使用带来数据的缺失或不连贯。

5.6.2 数字化交付不到位

BIM 正向设计还在推广阶段，目前，大多数项目设计、生产、施工阶段的 BIM 还是分开的，没有实现数据传递，更多的项目在验收时无法及时提供数字化竣工资料，或者提供的数字化竣工资料不齐全，无法满足后期运维的要求。

5.6.3 后性能评估还在摸索

建筑业习惯于按图纸验收，验收是查证施工是否严格按经图审合格的正式设计图执行，验收也是以材料使用、施工尺寸、表观效果等符合设计为要求。对建筑建成后的使用性能是否满足设计要求，是绿色建筑推行后，近几年提出的交付要求，目前由于检测手段、参照标准还不健全，所以执行也不理想。

5.6.4 指导运维的意识不强

验收的目的还停留在完成施工任务，交作业的意识，通过验收将施工中的相关数据向运维阶段传递，有效指导高效运维的意识还很薄弱。不过，随着建筑全寿命周期概念的提出和工程总承包管理的推行，设计、施工需要考虑运维阶段的高效管理，将成为常态。

第6章 案例 中广天择总部基地二期工程

中广天择总部基地二期工程是由一栋酒店式办公楼、一栋孵化器办公楼、配套商业楼和地下室工程组成的综合体工程，为湖南建工集团有限公司第一批绿色建造试点项目，这里介绍的是该工程策划阶段确定的实施方案，内容包括“项目基本情况”“项目策划阶段实施方案”“项目设计阶段实施方案”“项目施工阶段实施方案”“项目交付阶段实施方案”。

6.1 第一部分 项目基本情况

6.1.1 项目名称

项目名称：中广天择总部基地二期 2 号酒店式办公楼、3 号配套商业楼、4 号孵化器办公楼、二期地下室。

6.1.2 项目位置

项目位置：湖南省长沙市开福区，马栏山路以西，金鹰路以南。

6.1.3 项目参与各方

建设单位：长沙视谷实业有限公司

设计单位：中国有色金属长沙勘察设计研究院有限公司（支护设计）
湖南方圆建筑工程设计有限公司（主体设计）

勘察单位：核工业长沙工程勘察院

监理单位：长沙市规划设计院有限责任公司

施工总承包单位：湖南建工集团有限公司

6.1.4 编制依据

6.1.4.1 法律法规

（1）《中华人民共和国环境保护法》（2014 年 4 月修订）。

（2）《中华人民共和国环境影响评价法》（2018 年 12 月修正）。

（3）《中华人民共和国大气污染防治法》（2018 年 10 月修正）。

（4）《中华人民共和国水污染防治法》（2017 年 6 月修正）。

（5）《中华人民共和国环境噪音污染防治法》（2018 年 12 月修正）。

（6）《中华人民共和国固体废物污染防治法》（2020 年 4 月修订）。

（7）《建设工程安全生产管理条例》（2003 年 11 月 12 日国务院第 393 号令）。

（8）《建设项目环境保护管理条例》（2017 年 6 月修订）。

6.1.4.2 国家标准

（1）《建筑工程绿色施工评价标准》GB/T 50640—2010。

（2）《绿色施工导则》（建质〔2007〕223 号）。

（3）《绿色建筑评价标识实施细则》（建科综〔2008〕61 号）。

（4）《绿色建筑评价标准》GB/T 50378—2019。

（5）《建筑施工场界环境噪声排放标准》GB 12523—2011。

（6）《污水综合排放标准》GB 8978—1996。

(7)《电声学　声级计　第1部分：规范》GB 3785.1—2010；《电声学　声级计　第2部分：型式评价试验》GB 3785.2—2010。

(8)《大气污染物综合排放标准》GB 16297—1996。

(9)《建筑业10项新技术（2017）》。

(10)《绿色建造技术导则（试行）》(住房和城乡建设部办公厅)。

6.1.4.3　地方标准

(1)《湖南省建筑工程绿色施工评价标准》DBJ43/T 101—2017。

(2)《湖南省绿色建筑评价标识管理办法（试行）》(湘建科〔2011〕17号)。

(3)《长沙市工程建设施工现场非道路移动机械排气污染防治实施办法》（长政办发〔2019〕32号)。

(4) 湖南省建筑节能技术、工艺、材料、设备推广应用目录。

6.1.4.4　文件依据

(1)《国务院办公厅关于促进建筑业持续健康发展的意见》(国办发〔2017〕19号)。

(2)《国务院办公厅转发住房城乡建设部关于完善质量保障体系提升建筑工程品质指导意见的通知》(国办函〔2019〕92号)。

(3)《住房和城乡建设部办公厅关于开展绿色建造试点工作的函》（建办质函〔2020〕677号)。

(4) 湖南省住房和城乡建设厅关于印发《湖南省绿色建造试点实施方案》的通知（湘建科函〔2021〕57号)。

(5) 长沙市住房和城乡建设局《关于加强建筑工地施工现场非道路移动机械管理的通知》。

(6)《湖南建工集团施工组织设计BIM化会审办法（试行）》（湘建司字〔2018〕4号)。

(7)《湖南建工集团绿色建造试点工作实施方案》湘建司技字〔2021〕4号。

(8)《湖南建工集团工程项目绿色施工标准化管理手册》。

(9)《湖南建工集团绿色建造试点项目实施大纲编制大纲（试行）》。

(10) 该工程总承包工程招标文件、投标文件。

(11) 施工合同及相关附件。

(12) 该工程施工组织设计。

6.1.5　项目概况

6.1.5.1　项目基本情况

项目为中广天择总部基地二期2号酒店式办公楼、3号配套商业楼、4号孵化器办公楼、二期地下室，总建筑面积152142.08m^2。其中2号酒店式办公楼地上28层，地下2层，建筑高度99.85m，建筑面积41758.21m^2；3号配套商业楼地上3层，地下2层，建筑高度15.6m，建筑面积6414.41m^2；4号孵化器办公楼地上33层，地下2层，建筑面积

62284.22m²，建筑高度 135.6m；二期地下室，地下 2 层，建筑面积 41685.24m²，建筑高度 7.5m。图 6-1 为楼栋信息概况图，图 6-2 为拟建场地位置图。

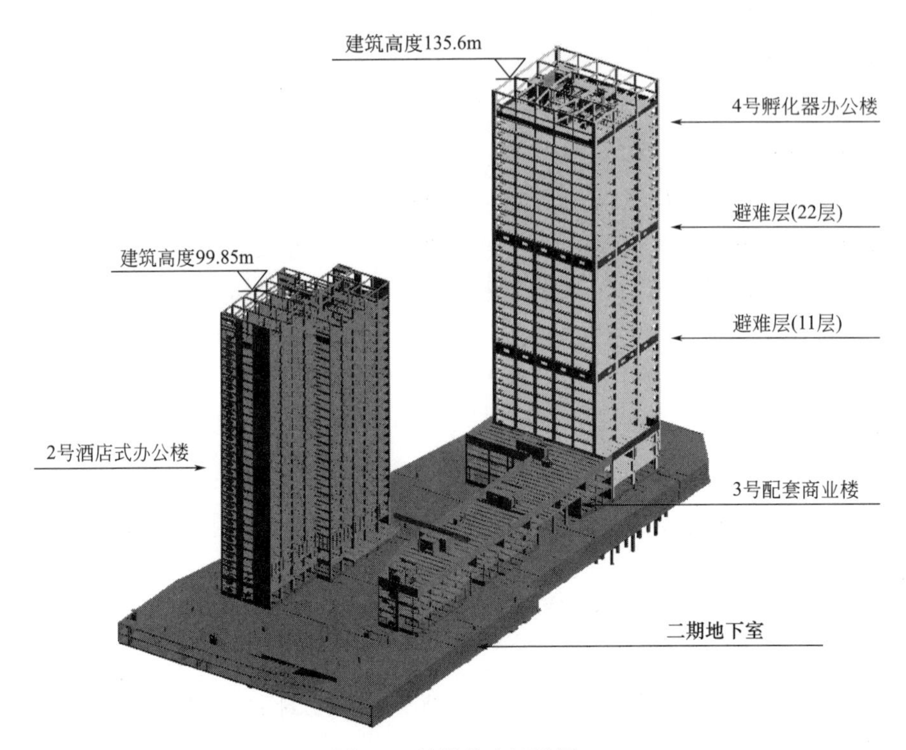

图 6-1 楼栋信息概况图

图 6-2 拟建场地位置图

6.1.5.2　设计概况

（1）建筑设计概况见表 6-1。

建筑设计概况表　　　　**表 6-1**

子项名称	2 号酒店式办公楼	3 号配套商业楼	4 号孵化器办公楼	地下室
建筑面积	41758.21m^2	6414.41m^2	62284.22m^2	41685.24m^2
规模等级	大型公建	大型公建	大型公建	特大型
建筑功能	办公＋商业	商业	办公＋商业	车库、配电室、机房等
建筑类别	一类高层公共建筑	公共建筑	一类高层公共建筑	公共建筑
耐火等级	一级			
使用年限	50 年			
建筑高度	99.85m	15.60m	135.60m	7.50m
层数	地上 28 层，地下 2 层	地上 3 层，地下 2 层	地上 33 层，地下 2 层	地下 2 层
围护墙	200mm 厚加气混凝土块			
内隔墙	采用 100mm、160～200mm 厚加气混凝土块；200/100mm 厚烧结多孔页岩砖；轻钢龙骨＋双面石膏板；20mm 厚 C 类防火玻璃			
内墙面	无机涂料（防霉）墙面、石材墙面、乳胶漆墙面、防水面砖墙面			
外墙面	石粉涂料外墙面、玻璃幕墙、石材幕墙、铝单板金属幕墙			
楼地面	金刚砂环氧树脂自流平涂料地面、防滑石材（面砖）楼面、水泥砂浆楼面、混凝土找坡楼面、防滑地砖防水楼面（含防潮）、网络地板楼面、防水砂浆地面			
天棚	混合砂浆顶棚、无机涂料顶棚、无机防霉涂料顶棚、清水顶棚、防潮轻钢龙骨铝合金条形板吊顶、轻钢龙骨装饰石膏板吊顶、穿孔 FC 板吊顶			
建筑节能	屋面		阻燃型挤塑聚苯板保温层 90mm	
	外墙		岩棉板（A 级，65mm）	
	架空楼板		用户自理面层＋（水泥砂浆 20mm）＋钢筋混凝土板（120mm）＋铝箔型岩棉板（65mm）＋龙骨等（不计入）＋石膏装饰板（12mm）	
	外窗		窗框为断热金属材料、玻璃为中空低辐射 6mm 玻璃	
	外门		双层金属门板（中间填充 15～18mm 厚玻璃棉板）或其他节能门，传热系数 2.50W/m^2 · K	
	玻璃幕墙		断热铝合金框低辐射中空玻璃幕墙（6 较低透光＋12A＋6）（单片玻璃厚度不小于 6mm，空气层间厚度不小于 12mm）传热系数不大于 2.21W/m^2 · K，太阳得热系数不大于 0.26；可见光透射比不小于 0.48	
防水	地下室	底板	SBS 改性沥青防水卷材（4mm）＋自粘聚合物改性沥青防水卷材（有胎体 3.0mm）；防水涂料＋自粘聚合物改性沥青防水卷材（Ⅰ级，或防水卷材两道），设保护层	
		顶板（种植屋面）	自粘聚合物改性沥青防水卷材（有胎）（3.0mm）＋耐根穿刺防水层（弹性体 SBS 改性沥青防水卷材）（4.0mm）	
	屋面	上人屋面	自粘性高聚物改性沥青防水卷材（无胎体 1.5mm）两道	
		不上人屋面	自粘性高聚物改性沥青防水卷材（无胎体 1.5mm）两道	

（2）结构设计概况见表 6-2。

结构设计概况表 **表 6-2**

子项名称	2 号酒店式办公楼	3 号配套商业楼	4 号孵化器办公楼	地下室
基础形式	旋挖成孔灌注桩	柱下独立柱基础	旋挖成孔灌注桩	纯地下室部分采用柱下独立柱基础、外墙为条形基础
建筑结构安全等级	二级			
结构类型	钢筋混凝土框筒	框架	钢筋混凝土框筒	剪力墙、框架
地基基础设计等级	甲级			
抗震设防	标准设防类（丙类）			
抗震设防烈度	6 度			
抗震等级	剪力墙：二级 框架：三级	框架：四级（架空部位局部框架柱三级）	剪力墙：二级 框架：三级	三级
钢筋类别	HPB300、HRB400、HRB400E			
混凝土强度等级	采用商品混凝土，混凝土强度包括：C15、C25、C30、C35、C40、C45、C50、C55、C60			
混凝土抗渗等级	P6	P6	P6、P8	P6
基础尺寸	桩径：1200mm 底板厚度：600mm 承台厚度：2000mm、2200mm、2500mm	底板厚度：500mm 独立柱基础厚度：800mm、1000mm、1200mm、1300mm、1400mm、1600mm	桩径：1200mm、1500mm 底板厚度：600mm 承台厚度：2400mm、2500mm、2600mm	底板厚度：500mm 独立柱基础厚度：800mm、1000mm
桩基数量	ZH1：139 根 （d=1200mm）； ZH1a：24 根 （d=1200mm）	—	ZH1：52 根 （d=1200mm）； ZH2：95 根 （d=1500mm）； ZH1：5 根 （d=1200mm）	—
抗浮锚杆	孔径 250mm			
钢材材质	Q235B、Q345B			
基坑支护	支护桩采用旋挖成孔灌注桩，桩径：1000mm；止水帷幕采用高压旋喷桩，桩径：800mm			

（3）机电安装设计概况见表 6-3。

机电安装设计概况表 **表 6-3**

项目	承包内容
强电工程	包含照明、配电、防雷接地、人防电气、充电桩工程等
弱电工程	包含光纤入户系统、综合布线系统、计算机网络系统（智能网）、车位引导系统、视频监控系统、出入口控制系统（门禁一卡通）、公共广播系统、建筑设备监控系统、能耗监测系统、无线 AP 覆盖系统、信息发布系统、电子巡查系统、电梯五方对讲系统、停车场管理系统、室外监控及安防系统、室内外弱电管道、弱电桥架等

续表

项目	承包内容
给水排水工程	包含给水、排水(污水、废水、雨水、冷凝水)、人防等
暖通工程	包括空调风系统、空调水系统、空调系统配电等
消防工程	包括室内消火栓系统、湿式自动喷淋系统、防护冷却喷淋系统、气体灭火系统、火灾自动报警、监控及消防广播系统、消防联动控制系统、消防通风排烟系统、卫生间排风楼、防火卷帘楼、防火门系统、应急照明楼、疏散指示系统、水泵接合器系统、灭火器的配备等

6.1.5.3　水文地质条件

1. 气象水文概况

区域属温暖湿润的亚热带季风气候，冬季寒冷干燥，夏季潮湿炎热。根据气象部门常年观测资料统计，该区多年平均气温 16.4～18.2℃，最低为－9℃，最高可达 40℃左右；多年平均降水量 1348.5mm，最大日降水量达 327.0mm，年降雨天数为 142～164d，雨季多集中在 3～7 月，占年降雨量 64％～80％；多年平均蒸发量为 1206.9mm，仅 7～9 月蒸发量大于降雨量；最大积雪厚度为 20cm；平均相对湿度 80％；多年平均日照为 1717.3h，无霜期为 270～300d；平均风速为 2.2m/s，最大风速为 20m/s，风向随季节变化，冬季多为西北风，夏季多为东南风，全年主导风向为西北风。长沙地区属亚热带季风气候，温暖湿润，雨量丰富，年平均气温 28.9℃，年降水量 1562mm，年日照 1695h，无霜期 272d，春夏之交多暴雨，4～6 月占全年降水量的 40％。

2. 地表水

浏阳河于场地南侧自东向西流过，场地与浏阳河距离超过 500m，浏阳河水量受季节性影响大，一般在 4～8 月为洪水季节，春夏季节降雨较多，河流水量充沛，水位上涨，10 月至翌年 2 月为秋冬旱季，河流水量锐减，为枯水季节。河水水质较好，对混凝土一般具微腐蚀性。

3. 地下水

场地地下水主要有三种存在形式，即上层滞水和孔隙承压水、基岩裂隙水。

1）上层滞水

零星分布，赋存于杂填土层中，主要靠大气降水和地表水下渗补给，以蒸发或向下渗透到潜水中的方式排泄，水量小，季节变化大，不连续。

该地下水受大气降水和地表水下渗及地下径流补给，其稳定水位与含水层的埋藏深度相关，并与其地形坡降基本一致。由于局部地段含水层与杂填土之间缺失稳定隔水层，故上层滞水下渗极易形成稳定的潜水面。勘察期间测得钻孔内上层滞水地下水稳定水位埋深为 3.50～4.10m，对应标高为 27.99～29.61m，上层滞水水位年变化幅度为 1～2m。

2）孔隙承压水

圆砾③为承压水含水层，与其上的潜水含水层有一定的水力联系，主要补给来源为地下径流以及上层孔隙潜水的越流补给，以地下径流为主要排泄方式。拟建场地距浏阳河不足 500m，潜水与浏阳河有一定的水力联系，由于场地地势高于浏阳河水面，潜水将对浏阳河水进行补给，潜水有一定承压性。圆砾层中孔隙承压水稳定水位埋深为 5.00～9.20m，对应标高为 24.03～28.42m，孔隙承压水年变化幅度为 3～5m。

3）基岩裂隙水

场地西南部有北东向区域性断裂 F101 穿过，该断裂为逆断层，具压扭性，受该构造影响，本场地内岩石都不同程度受其影响，造成岩体裂隙极为发育，勘察时在基岩中部分钻孔多出现不返水现象，说明裂隙具有一定的连通性，岩体裂隙为地下水提供了运移和储存的空间与通道，该断裂带为富水地层。该断裂带在烈士公园一带，断裂带控制了浏阳河的发育，基岩裂隙水与浏阳河河水有密切水力联系，施工时可能出现地下水沿裂隙突涌，设计和施工过程中应注意。

4）地下水对工程的影响

基坑突水：项目离浏阳河河床虽然超过 500m，但场地上覆第四系地层圆砾层透水性好，岩石中节理裂隙较发育，裂隙多闭合，裂隙水不丰富，基坑底面以渗水或管道流为主。场地上覆地层在河水的水压力作用下有产生突涌的可能。

5）土对建筑材料的腐蚀性

场地环境类型为Ⅱ类，具干湿交替作用，地表水对混凝土结构具微腐蚀、对钢筋混凝土结构中的钢筋具微腐蚀。

6）地层岩性及岩土层特征

根据钻探揭露，拟建场地第四系下伏地层由人工填土层、河流冲积层、残积层组成，基岩为白垩系砾岩、石炭系灰岩、元古界板岩呈不整合接触状态出现，按钻探揭露顺序自上而下依次描述见表 6-4。

地层特性表 **表 6-4**

地层名称及编号	主要工程特性
杂填土(Q4ml)①	褐黄、灰黑色或杂色，松散-稍密状，由黏性土混砖渣、混凝土块、碎石等回填，局部为路基填土，硬质物含量约 30%，堆填年限 5～10 年。该层全场分布，层厚范围 0.80～4.50m，平均层厚 1.93m，层底标高范围 28.56～32.36m
粉质黏土(Q3al)②	黄褐色，稍湿，呈硬塑至可塑状，一般为上软下硬，土体无摇震反应，稍有光泽，干强度及韧性中等，中等压缩性，岩芯采取率约 95%。该层全场分布，层厚范围 3.50～8.70m，平均层厚 6.11m，层底标高范围 23.23～26.11m
圆砾(Q3al)③	褐黄色，湿，稍密至中密，粒径一般为－20～2mm，大者达 10mm，含量为 55%～70%，呈圆至次圆状，磨圆度一般，主要成分为石英，级配较差，颗粒间主要由粉细砂充填夹 10%～15%的卵石，采取率 85%～90%。该层全场分布，东部局部厚度巨大(ZK48 钻孔揭露厚度达 73.50m 仍未钻穿)，最小厚度 2.40m，层底标高范围－51.98～22.23m。局部地段夹粉质黏土透镜体夹层，褐黄色，硬塑或可塑状，含少量粉细砂及黑色铁锰质氧化物
残积粉质黏土(Qel)④	褐黄色、黄色，可塑至硬塑状，遇水易软化，见少量黑色铁锰质氧化物。无摇震反应，无光泽，韧性低，干强度低，灰岩、砾岩等残积形成，局部含较多砾石或灰岩、砾岩块石、角砾，岩芯采取率约 95%。该层见于场地 17 个钻孔，层厚范围 0.50～13.50m，平均层厚 3.86m，层底标高范围 10.72～22.01m

续表

地层名称及编号	主要工程特性
强风化板岩(Pt)⑤	褐黄色、青灰色，变淤泥质结构、砂质结构，板状构造，主要组成矿物为泥质矿物(如绢云母等)。节理、裂隙发育，岩芯呈块状、短柱状，锤击易碎。岩体极破碎，岩石质量指标 RQD=10～15，属极软岩，岩体基本质量等级为Ⅴ级，岩块用手易折断，岩石遇水易软化崩解，岩芯采取率约80%。该层见于场地西部9个钻孔，层厚范围0.60～10.80m，平均层厚5.61m，层底标高范围18.27～22.23m
碎裂岩(F)⑤1	原岩成分为中元古界冷家溪群板岩及石炭系灰岩，灰黑色，深灰色，岩石经强烈挤压多呈片状、鳞片状、糜棱状、泥状，呈碎裂结构，岩芯多呈岩粉、岩屑，部分呈柱状、块状，柱状岩芯一碰即散。岩石质量指标 RQD=10～15，属极软岩，岩体基本质量等级为Ⅴ级，岩石遇水易软化崩解，岩芯采取率约80%。该层见于场地西部9个钻孔，层厚范围2.00～13.00m，平均层厚8.36m，层底标高范围13.71～21.73m
强风化砾岩(K)⑥	褐红色，黄红色，碎屑结构，厚层状构造，胶结较差，砾石以石英岩、灰岩为主，粒径一般1～3cm，岩芯呈短柱状、砂状、块状、碎块状，手折易断，浸水易软化崩解，节理裂隙发育，裂隙面多为铁锰质浸染、方解石，岩体极破碎，岩石质量指标 RQD=5～10，属极软岩，岩体基本质量等级为Ⅴ级，岩芯采取率约80%。该层见于场地东部、东北部23个钻孔，厚度3.00～36.00m，层底标高范围－29.81～17.34m。ZK28钻孔孔深24～26m、28～30m；ZK52钻孔孔深27～29m均为中风化砾岩⑥1透镜体硬夹层
中风化砾岩(K)⑦	红褐色，碎屑结构，厚层状构造，岩芯呈柱状为主、少许块状，砾石以石英岩、灰岩为主，粒径一般1～3cm，胶结较好，岩体较完整，岩石质量指标 RQD=60～75，属软岩至较软岩，岩体基本质量等级为Ⅳ～Ⅴ级，岩芯采取率约80%。该层主要见于场地东部、东北部共24个钻孔，未钻穿，控制厚度0.50～58.20m，层底标高范围－68.98～12.94m。该层溶蚀现象发育，见有溶洞分布。ZK40钻孔深度26.00～28.50m、39.50～41.00m夹强风化砾岩软夹层
强风化灰岩(C)⑧	紫红色、褐红色、灰黑色、灰白色，极软岩，粉晶或细晶结构，厚层状构造，溶蚀现象发育，伴有溶蚀小孔，节理裂隙较发育，岩石质量指标 RQD=48为差的，岩体破碎，岩芯呈短柱状、块状、碎块状，岩体基本质量等级为Ⅴ级，采取率85%。该层见于场地17个钻孔，层厚范围2.30～16.00m，层底标高范围－4.16～18.91m
中风化灰岩(C)⑨	紫红色、褐红色、灰黑色、灰白色，软岩至较软岩，粉晶或细晶结构，厚层状构造，夹云质灰岩、白云岩，组成矿物主要为石英和方解石，次为绢云母和高岭石，岩芯呈长柱状、短柱状、块状，充填方解石脉，溶蚀现象发育，广见溶槽、溶孔、溶洞分布，节理裂隙发育，裂面见褐色铁锰质氧化物浸染，岩石质量指标 RQD=75为较好的，岩体较破碎，岩体基本质量等级为Ⅳ～Ⅴ级，采取率90%，该层分布较为普遍，见于场地53个钻孔，未钻穿，最大控制厚度为56.30m，层底标高范围－65.94～－18.09m
溶洞⑨1	全充填或无充填，充填物为黏性土、砂砾石或全风化状砾岩、灰岩角砾等，钻探无返水。本次二期场地详勘范围共46个钻孔揭露到溶洞，钻孔见洞率62.16%。洞高0.40～26.50m
中风化板岩(Pt)⑩	青灰色，变淤泥质结构、砂质结构，板状构造，主要组成矿物为泥质物(如绢云母等)，属极软至软岩，岩石组织结构部分破坏，少部分矿物风化变质，局部充填石英脉，节理裂隙较发育多密闭，多为石英充填，裂隙面见褐色铁锰质浸染，岩体较完整，多呈长短柱状，块状，少量碎块状，RQD=65%～90%，岩体基本质量等级为Ⅳ～Ⅴ类，岩芯采取率为80%～90%。该层仅见于拟建场地西部ZK43、ZK59二钻孔，均未钻穿，控制厚度9.90m，层底标高范围－36.19～－3.29m

6.1.5.4 周边环境及地下管线情况

根据基坑支护图纸及建设单位提供周边管线资料，项目基坑周边情况描述如图6-3所示。

(1) 基坑东侧距万家丽路约400m，临基坑边为拟建朝正路，现场地空旷平整，地面标高为32.50～33.50m，现有路面比设计低1m，周边无建筑物，朝正路有电力、给水、雨水、污水、燃气管道，最近点距项目净用地红线0.5m，埋地最深5.4m，不影响该工程基坑支护施工。

(2) 基坑南侧距鸭子铺路约120m，距浏阳河约322m。本次工程基坑南侧与一期基坑北侧连通，现一期基坑已开挖至坑底标高24.70m，进入主体结构、基础施工阶段。

(3) 基坑西侧距浏阳河约580m，距东二环约770m。西侧临近基坑场地为拟建公园景观东道，现场地空旷平整，地面标高为32.00～33.00m，周边无建筑物及地下管线。

(4) 基坑北侧为拟建金鹰路，现场地空旷平整，地面标高为32.50～33.50m，周边无建筑物，金鹰路有通信、燃气、污水、雨水及热力管道，最近点距项目净用地红线2.5m，埋地最深4.5m，不影响该工程基坑支护施工。

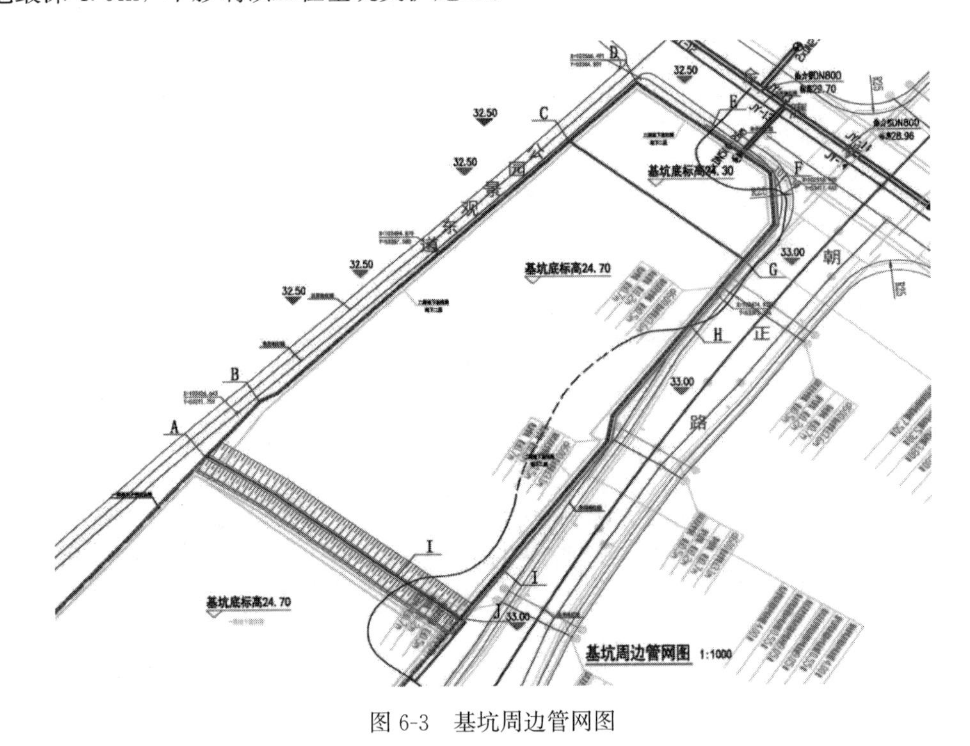

图6-3 基坑周边管网图

6.1.6 项目重难点及绿色建造优势分析

6.1.6.1 技术重难点分析

1. 深基坑支护桩、止水帷幕、土方开挖

根据《危险性较大的分部分项工程安全管理规定》(建办质〔2018〕31号)，该工程基坑最大深度约 8.3m，属于超过一定规模的危险性较大的分部分项工程，需编制专项施工方案并在专家论证通过后方可施工，该工程采用桩锚支护、高压旋喷桩止水帷幕；支护桩及止水帷幕靠近现场围墙，施工难度大，安全防护是重中之重。基坑支护施工前编制深基坑专项施工方案，组织进行专家论证，并成立以项目经理、安全负责人为首的深基坑安全应急管理小组。

2. 基坑降排水及汛期施工

工程悬挂帷幕位置的真空井点设 162 个，深度 9.50m，间距 2.00m，使用 7 套真空井点降水止水系统并相应配套使用 7 套二级排水系统，降水时间约 8 个月。落底帷幕位置的真空井点设 130 个，深度 9.50m，间距 2.50m，使用 5 套真空井点降水止水系统并相应配套使用 5 套二级排水系统，降水时间约 8 个月。孔径统一为 130mm。同时该工程靠近浏阳河，按照往年长沙市气象，4～9 月为汛期，此时正值地下室施工期间，项目部将重点考虑汛期施工方案，提高基坑监测频率，合理安排施工任务，尽量避免汛期进行土方开挖。

3. 大孔径旋挖成孔灌注桩

工程旋挖成孔灌注桩直径 1200mm、1500mm，桩端持力层有中风化砾岩⑦、中风化灰岩⑨。依据地勘报告砂砾层非常厚且强度高，对施工机械功率要求较高，该工程地下溶洞比较丰富，存在较多的填充物溶洞、干溶洞，对旋挖桩的施工造成一定的影响。因此需选择大功率的桩基施工机械，依据地勘报告对存在溶洞的桩，在施工过程中重点巡视、检查，并对出现溶洞的桩采取相应措施。同时桩基施工过程中的安全防护也是重中之重。桩基施工前编制旋挖桩专项施工方案，必要时进行专家论证。

4. 地下室防水

工程所有顶板、固定电站（控制室、发电机房）、变配电间立墙、底板防水等级为一级；车库、水泵房立墙、底板防水等级为二级，西侧距浏阳河约 580m，南侧距浏阳河约 322m，地下水充足，对地下防水十分不利，且地下室的施工在汛期，项目部将重点考虑地下室防水质量，确保地下室防水效果。

5. 高强混凝土

该工程存在 C60 高强混凝土，具体部位详见表 6-5。

高强混凝土部位表 **表 6-5**

栋号	构件部位	楼层	混凝土强度等级
2 号酒店式办公楼	柱	−2F～8F	C60
4 号孵化器办公楼	柱	−2F～6F	C60

项目部从原材料着手，选用安定性好的水泥，严格控制配合比、水灰比和搅拌时间。运送过程中尽量减少混凝土运输时间，确保均匀、连续地供应混凝土，减少坍落度的损失。浇筑过程中控制好混凝土的均匀性和密实性。

6. 大体积混凝土

工程4号孵化器办公楼核心筒基础底板厚度2500mm，承台厚度2400mm、2600mm，部分框架柱尺寸均超过1m，2号酒店式办公楼承台厚度2000mm、2200mm、2500mm，均为大体积混凝土。大体积混凝土施工前编制大体积混凝土专项方案，严格控制混凝土分层浇筑及养护，必要时采用冷却循环水管进行降温。

7. 薄壁方箱混凝土空心楼盖

项目采用建设部推广的科技成果项目“薄壁方箱及其在现浇混凝土空心楼盖中的应用”。地下室负一层300mm、410mm空心板，板内分别布置500mm×500mm×160mm、400mm×400mm×210mm规格GBF薄壁方箱。4号孵化器办公主楼采用350mm空心板，板内布置500mm×500mm×210mm规格GBF薄壁方箱。混凝土浇捣时和完毕后，薄壁方箱容易移动、破损，在混凝土初凝前易有塌陷、裂缝等现象，项目部将编制薄壁方箱混凝土空心楼盖专项方案，薄壁方箱混凝土空心楼盖施工过程中重点检查，发现问题及时整改。

8. 后浇带施工

工程地下室为超长、超宽混凝土结构，后浇带和膨胀加强带多，后浇带施工，工序繁多，时间跨度长，施工成本高，防渗效果较差，在施工过程中要做好预留钢筋的保护，严格控制后浇带施工质量。

9. 梁与墙、柱接头混凝土施工

工程梁与墙、柱混凝土强度等级相差较大，梁与墙、柱接头处的混凝土拦截质量直接影响混凝土墙、柱混凝土强度等级，在施工过程中应严格控制梁与墙、柱接头混凝土拦截质量。该工程拟采用气囊进行拦截，提升拦截合格率，保证施工质量。

10. 高大模板工程

根据《危险性较大的分部分项工程安全管理规定》（建办质〔2018〕31号），搭设高度8m及以上，搭设跨度18m及以上，施工总荷载15kN/m^2及以上，集中线荷载20kN/m及以上的混凝土模板支撑工程属于超过一定规模的危险性较大的分部分项工程，项目部将编制高大模板专项施工方案，并组织专家对专项方案进行论证。

（1）高大模板工程（楼板）支模部位及情况见表6-6。

高大模板支模部位表（超过8m） **表6-6**

单位工程	楼层、部位	轴线位置	支模高度/m	楼板厚度/mm	施工总荷载/kN/m^2	高大模板判别依据
4号孵化器办公楼	3层梁板	4-1～4-6轴交4-G～4-H轴	10.40	120、150	8.16、9.06	模板支撑高度超过8m
3号配套商业楼	3层梁板	3-3～4-7轴交3-M～4-B轴	10.40	120	8.16	

（2）高大模板工程（梁）支模部位及情况见表6-7。

高大模板支模部位表（集中线荷载大于 20kN/m）　　**表 6-7**

单位工程	楼层	梁编号	新浇混凝土结构层高/m	截面尺寸/mm	最大跨度/m	集中线荷载/kN/m	高大模板判别依据
4 号孵化器办公楼	-1 层	KL8、L28、L32	5.35	800×1000	12.9	30.00	集中线荷载大于 20kN/m
		KL10		700×1000	12.9	36.40	
		KL11		600×1000	9.65	22.8	
		KL14		600×900	9.65	20.81	
		—		400×2800	7.4	40.22	
	1 层	KL12、KL14	5.4	600×900	9.65	20.81	
		KL1、KL11		400×2800	13.8	40.22	
		KL6		400×2400	13.8	34.75	
		—		500×2400	4.4	42.72	
	22 层	KL1、KL2	4.0	600×900	13.8	20.81	
3 号配套商业楼	1 层	KL1、KL2、KL9、KL13、KL14、KL15、KL17、KL22、KL25、KL26、KL31、L1、L11、L13、L14、L23	5.35	300×2300	8.7	25.73	
2 号酒店式办公楼	1 层	KL1、KL9、KL13、KL14、KL17、KL18、KL21	5.5	300×2500	7.2	27.84	
		KL2		300×1800	4.85	20.45	
		—		400×2000	2.7	29.28	
	2 层	悬挑梁	5.4	600×1200	4.5	26.78	

11. 屋面构架层框架梁支模系统

工程 4 号孵化器办公楼、2 号酒店式办公楼屋面以上含两层构架层，其支模系统和安全防护是难点。项目部将编制专项方案，做好临边防护及安全保障措施，确保施工安全。

12. 幕墙工程

该工程幕墙工程超高施工，并含金属幕墙、石材幕墙、玻璃幕墙。装饰工程丰富，变化多，工程量大，技术含量高，高标准，高要求，需要优化设计预埋件及龙骨。我公司将在幕墙施工前进行幕墙施工图深化设计，对预埋件及龙骨进行优化设计，合理解决施工过程中可能遇到的问题，做到有条不紊。

13. BIM 与视频系统的应用

该工程全面推广应用 BIM 信息化管理，做到无死角视频监控，确保质量与安全是施工的一个重点。根据设计图建模，建模包含建筑、结构、水电等所有专业，全面推广应用 BIM 信息化 5D 管理。拟采用无死角的视频监控系统，作业面全部安装摄像头，办公室安装接收屏，监控室安排专人值班及记录、查看、反馈。设立门禁系统与计算机联网，查对所有员工出入信息，加强安全管理。

6.1.6.2 管理难点

针对表 6-8 中的项目重点、难点，项目部建立全专业 BIM 模型、搭建协调管理平台，并计划针对重难点进行工艺模拟，各专业 BIM 模型如图 6-4～图 6-9 所示。

管理难点一览表 表 6-8

施工总承包管理	该工程专业工程多，协调工作量大，协调难度也较大，协调的成功与否直接关系到该工程施工质量、施工进度，减少甚至杜绝造成相互影响。如何在施工过程中对这些数量众多且专业性较强的各类分包工程做好协调管理，是该工程的重点所在
平面布置管理	该工程基坑外边距围墙近，临建布置场地有限，基础施工阶段基坑外无材料加工堆放场地。临建拟考虑在外租赁场地布置，材料加工堆放场地拟布置在基础底板
协调配合各参建单位	该工程体量大、高度高、专业全，土建、机电、装饰需要立体交叉施工，组织协调量大。该工程存在大量指定分包与独立分包工程，工程接口多，交叉作业多，人员、材料、机械设备投入量大，工序衔接交叉量大
高品质施工保证	该工程对工程质量、安全管理和绿色施工有高品质的施工要求，工程质量方面创“芙蓉奖”、争创“鲁班奖”，创“全国建筑业绿色施工示范工程”，因此高品质施工的保证措施是该工程的重点

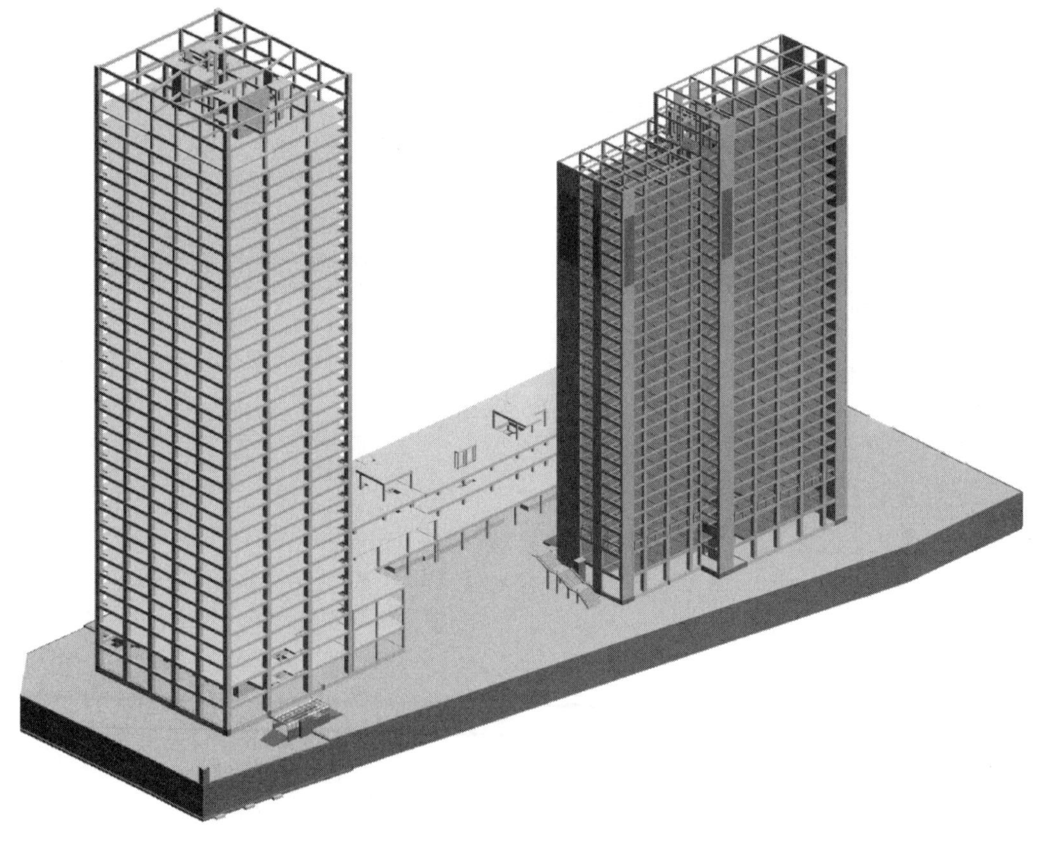

图 6-4 BIM 结构模型

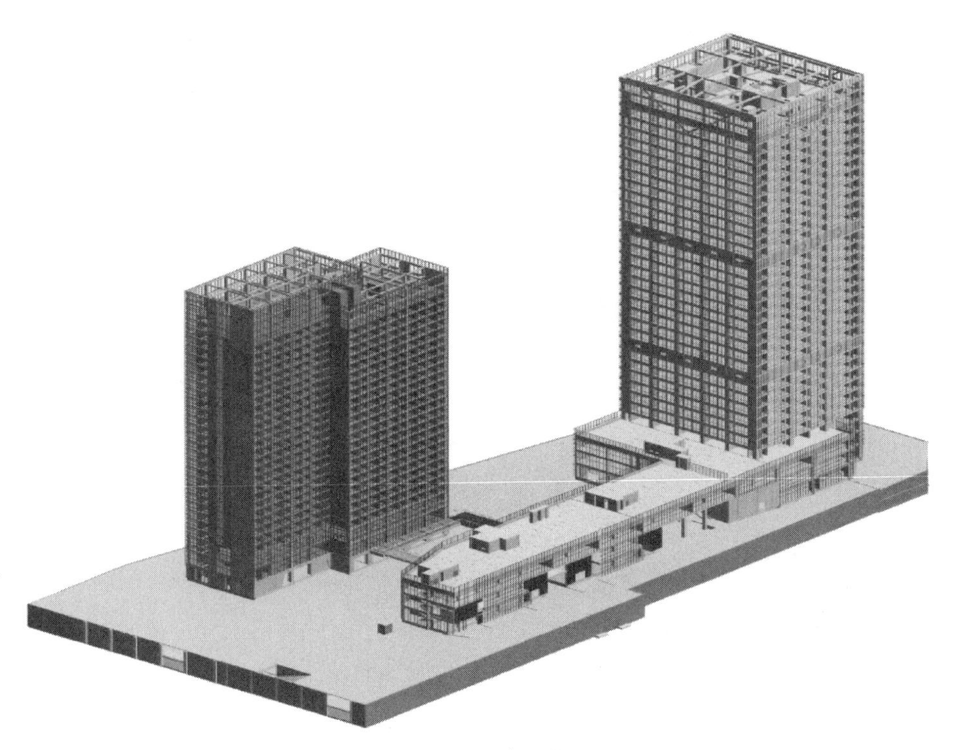

图 6-5　BIM 建筑模型

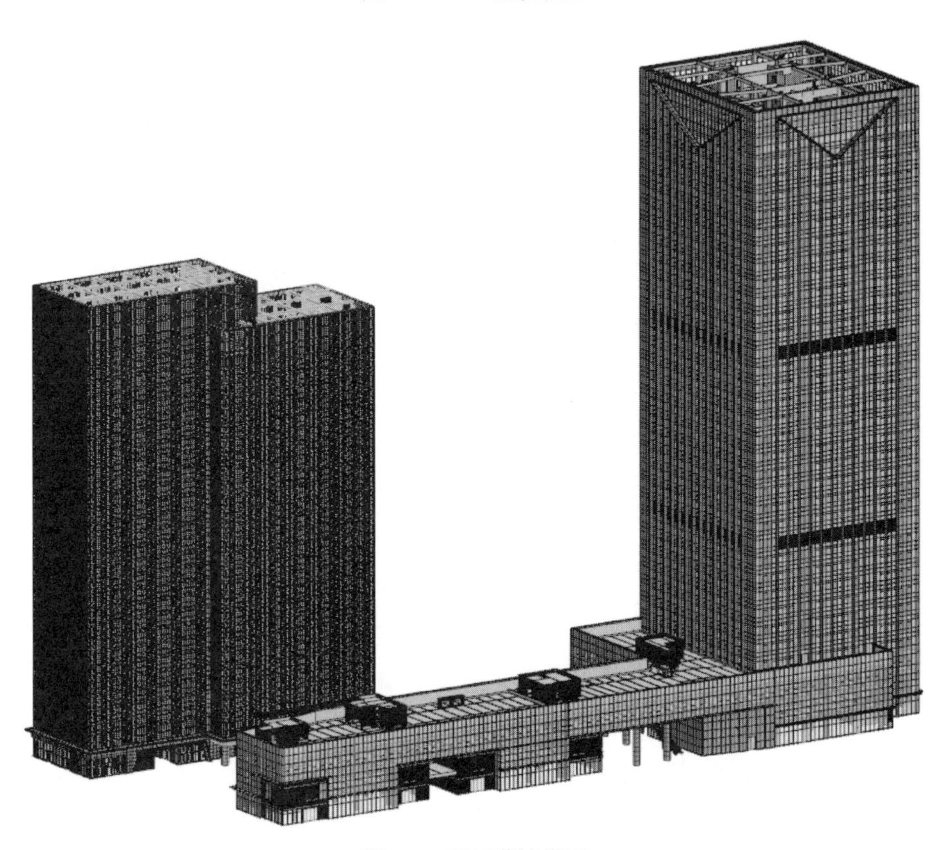

图 6-6　BIM 幕墙模型

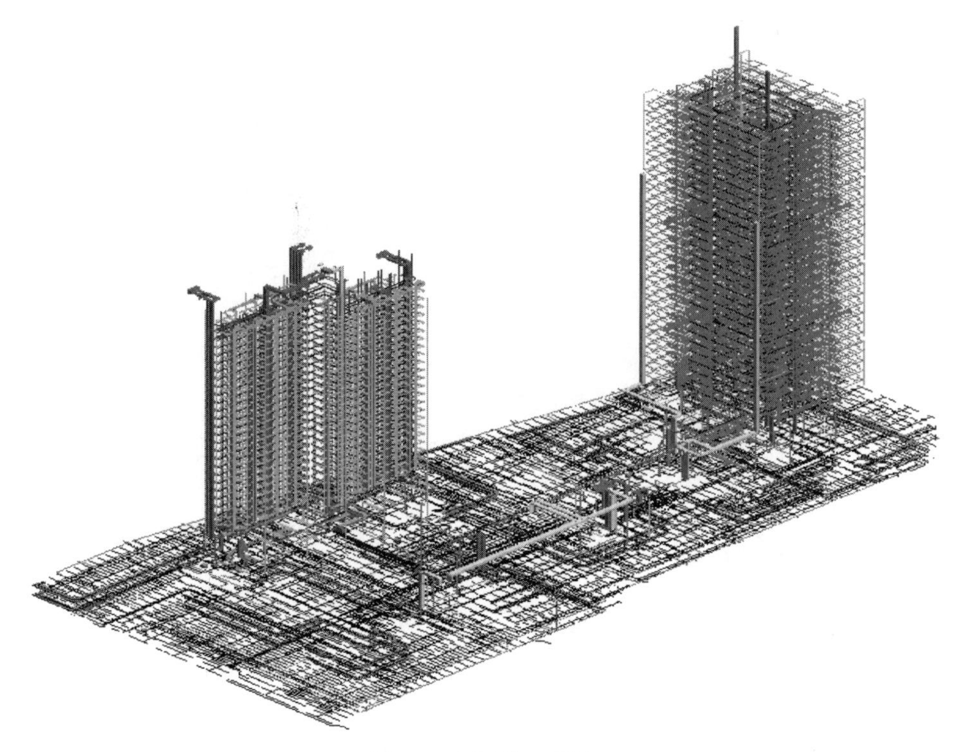

图 6-7　BIM 机电模型

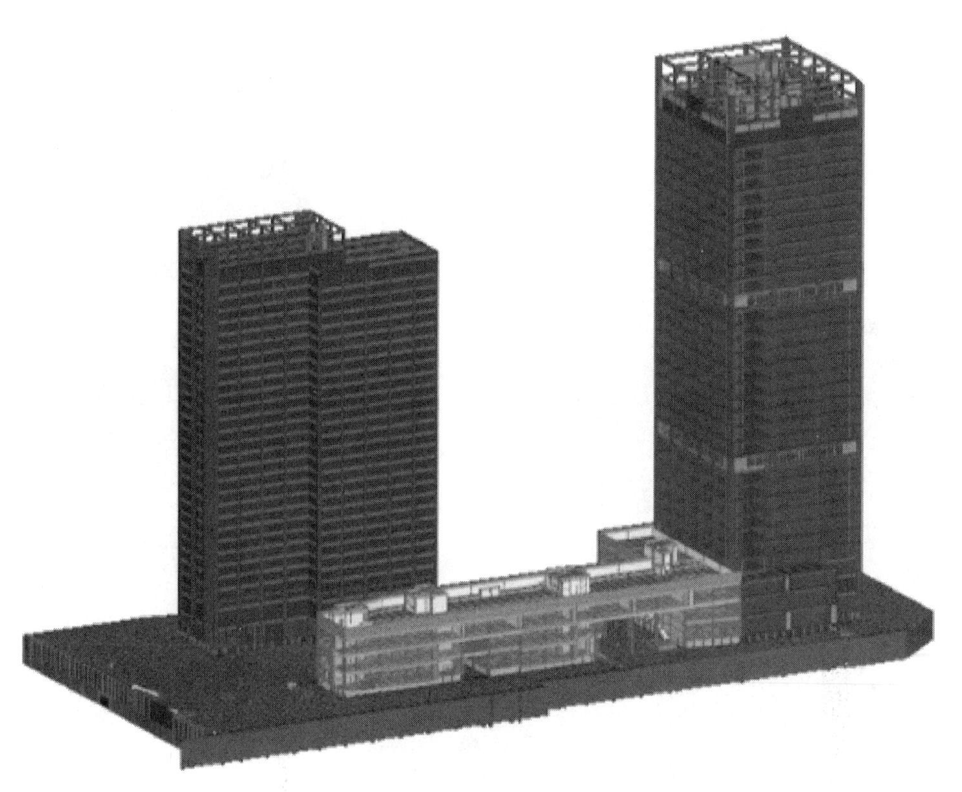

图 6-8　算量模型

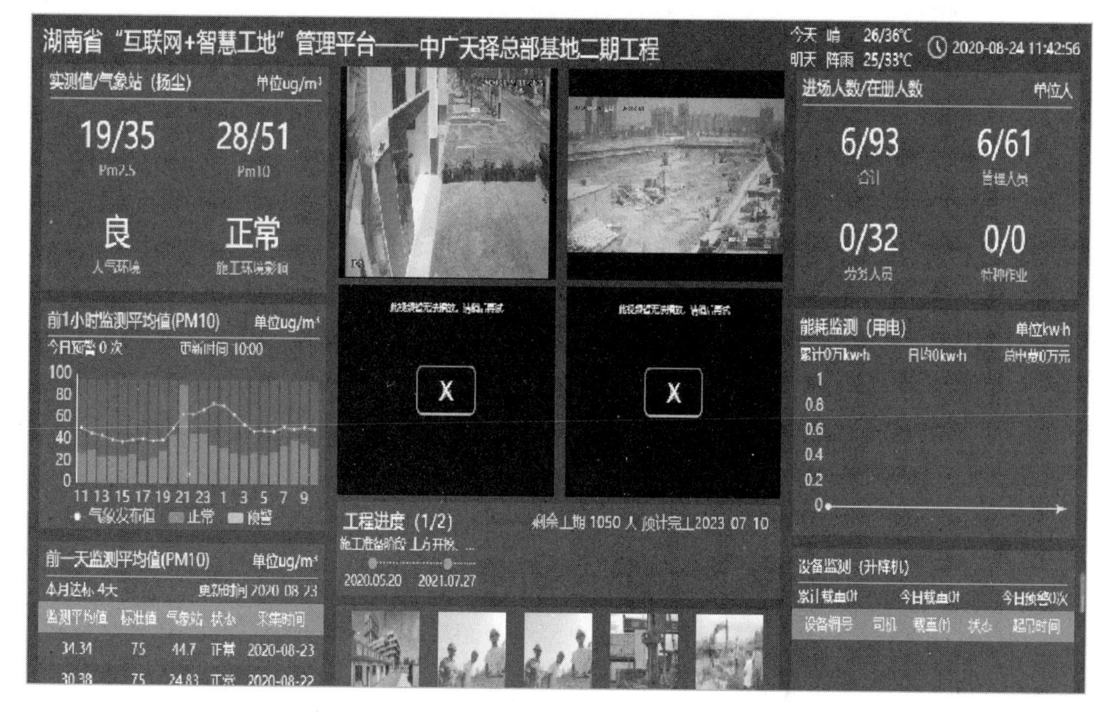

图 6-9　PM 协同管理平台

6.1.6.3　绿色建造优势分析

1. 地理优势

该工程位于长沙市开福区马栏山文化创意产业园，安全文明和绿色施工要求高。

2. 政府重视

中广天择总部基地二期工程是省委、省政府落实“创新引领、开放崛起”战略的重大措施，是长沙市委、市政府打造“国家创新创意中心”的战略布局。

3. 公司支持

工程是湖南建工集团有限公司和长房地产（集团）有限公司合作的首个战略项目，我公司将以“高起点、高标准、严要求”对项目进行管理，加强过程控制。

4. 创奖要求

质量方面确保湖南省优质工程、“芙蓉奖”，争创“鲁班奖”的目标；安全方面争创“全国建设工程项目施工安全生产标准化工地”；环境方面争创省部级“绿色施工示范工程”；科技创优方面争创省部级“新技术应用示范工程”。

5. 管理团队

公司根据该工程的规模和特点，建立以项目经理为首的项目管理体系，并配给优秀、干练的施工人员作为项目部的施工管理人员。

设有项目经理、常务副经理、生产经理、技术负责人、采购经理、商务经理、财务经理及各部室负责人；项目经理部下设六部一室。

6. 技术支持

工程采用“互联网+智慧工地”协同管理平台、湖南建工集团集中采购履约平台等信息化管理平台，全过程应用BIM技术，全面推广、应用《建筑业10项新技术》（2017版）。

6.1.7 绿色建造进度计划

绿色建造进度计划见表6-9。

绿色建造进度计划 表6-9

建造阶段	开始时间	结束时间	备注
绿色策划	2020年3月15日	2020年3月31日	
绿色设计	2020年4月1日	2020年6月29日	
绿色施工	2020年6月30日	2023年7月10日	
绿色交付	2023年7月11日	2023年12月31日	

6.1.8 项目创优目标

6.1.8.1 质量创优目标

（1）创常见质量问题治理观摩工地、质量标准化考评优良工地。

（2）创市结构优良工程。

（3）创湖南省优质工程。

（4）创湖南省芙蓉奖。

（5）争创中国建筑工程鲁班奖。

6.1.8.2 安全创优目标

（1）创年度安全生产标准化考评优良工地。

（2）创市级及以上安全生产标准化观摩工地。

（3）争创全国建设工程项目施工安全生产标准化工地。

6.1.8.3 环境创优目标

创省部级绿色施工示范工程。

6.1.8.4 科技创优目标

（1）争创省部级新技术应用示范工程。

（2）工法2项以上。

（3）专利1项以上。

（4）QC成果1项以上。

6.1.8.5 “智慧工地”管理目标

争创省部级智慧工地样板项目。

6.2 第二部分　项目策划阶段实施方案

6.2.1 项目绿色建造目标

6.2.1.1 绿色建筑星级

该工程绿色建筑星级为：一星。

6.2.1.2 碳排放目标

该程施工阶段碳排放目标为：不大于 25kg/m^2。

6.2.1.3 建筑垃圾减量化目标

该工程建筑垃圾减量化目标为：不大于 300t/万 m^2。

6.2.1.4 绿色建材使用率目标

该工程绿色建材使用率目标为：68.2%。

6.2.1.5 信息化管理目标

BIM 技术在绿色施工策划、绿色施工设计、绿色施工、绿色交付阶段使用。绿色施工阶段施工现场采用“互联网＋智慧工地”管理平台进行项目管理，其中实名制管理版块接入省住房和城乡建设厅实名制管理平台。物资采购方面采用湖南建工集团“集中采购履约平台”。

6.2.1.6 建筑节能目标

该工程建筑节能类型为：甲类建筑。

6.2.2 绿色建造组织机构

绿色建造组织机构如图 6-10 所示。

6.2.3 项目管理模式

该工程管理模式为施工总承包模式。

6.2.4 绿色建造保障措施

6.2.4.1 组织措施

1. 建立集团、公司、项目三个层面的组织机构

为加强对本项目绿色建造的组织协调、资源整合、协调解决创建过程中的重大问题，组织对创建活动的阶段评估和考核，特成立集团绿色建造领导小组、公司绿色建造指导小

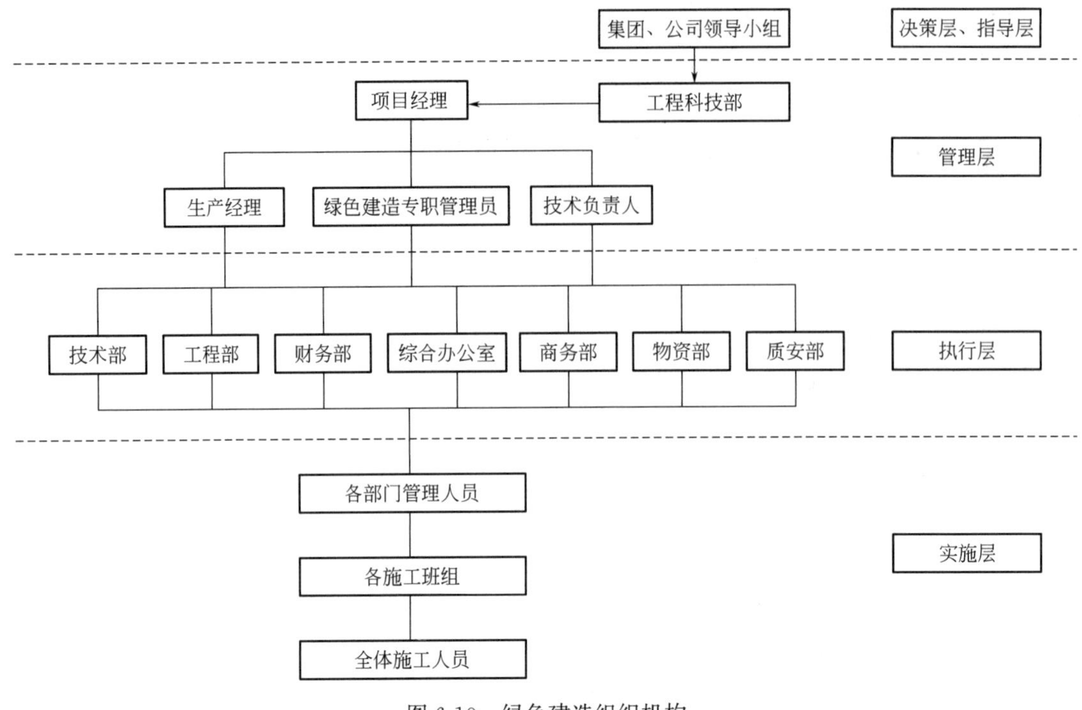

图 6-10 绿色建造组织机构

组。在该工程项目经理部管理组织机构的基础上，成立项目绿色建造领导小组，执行绿色建造的组织管理工作，对绿色建造进行检查与控制。

（1）集团绿色建造领导小组。

组　长：陈　浩

副组长：曾乐樵、彭琳娜

成　员：阳　凡、王其良、张倚天

（2）公司绿色建造指导小组。

组　长：钟凌宇

副组长：李再春

组　员：蔡　敏、李木生、王曾光、陈　朋、向羽佳、龙　艳

（3）项目绿色建造领导小组。

组　长：文杰明

副组长：徐志红、杨振宇

绿色建造专职管理员：吴琪

组　员：项目部其他管理人员

项目绿色建造领导小组下设：绿色建造策划/设计组、绿色建造施工组、信息化管理组、新技术推广/应用组、建筑垃圾减量化控制组、碳排放控制/统计组。

2. 项目绿色建造领导小组责任分工

（1）项目绿色建造领导小组组长（项目经理）。项目经理为绿色建造第一责任人，负

责绿色建造的组织实施及目标实现，并指定绿色建造管理人员和监督人员；负责各分包单位之间的统筹与协调，全面落实绿色建造的管理工作，建立认证管理组织机构，确定目标和指标，负责资源提供。

（2）项目绿色建造领导小组副组长（生产经理）。协助组长开展工作、受组织委托主持召开领导小组例会或各类专题会，协调各分包及相关方认证管理工作。组织协调绿色建造所需的人员、设备、场地等资源，负责绿色建造的组织实施及目标实现。

（3）项目绿色建造领导小组副组长（技术负责人）。负责组织按照绿色建造要求制定目标，编制建造方案，确定各种节约措施。贯彻国家及地方环境保护法律、法规、标准及文件规定。协助项目经理制定管理办法和各项规章制度，并监督实施。参加环保检查和监测，并根据监测结果，确定是否需要采取更为严格的防控措施，确保现场污染排放始终控制在国家有关环保法规的允许范围内。编制绿色建造措施，制定项目绿色建造技术措施，执行绿色建造导则和标准。

（4）绿色建造策划/设计组。编制绿色建造策划实施方案，根据项目实际情况进行绿色建造设计。

（5）绿色施工组。执行绿色施工具体实施方案，协助项目经理部制定管理办法和各项规章制度，并监督实施；协助项目技术负责人起草绿色施工具体实施方案；协助项目副经理对人员、机械、设备进行组织协调；参加环保检查和检测工作，并根据监测结果，确定是否需要采取更为严格的防控措施，确保现场污染排放始终控制在国家有关环保法规的允许范围内。按照绿色施工方案及项目部材料管理规定，对工程用各种消耗材料、周转材料提出准确材料计划，明确所需材料具体要求。及时组织材料进场，并确保进场材料质量。控制施工过程中材料的使用，执行工清料净等检查工作，避免浪费。施工过程中，监督施工人员提高对余料的再利用率。对施工现场合理布置并实施动态管理，制定防止水土流失、利用弃土场地、施工后恢复植被等措施。

根据绿色施工方案中水电消耗管理内容及项目部水电管理规定，落实每块水表、电表安装情况，并定期检查。每月 10 日按时抄录水表、电表数，并做好分类记录。根据水电表记录做好统计分析工作。根据方案要求落实各项节水、节电措施。控制施工、生活用水量，减少水资源浪费，同时督促施工人员加强非传统水源的利用。

做好防止光污染、水污染、土壤污染、固体废弃物污染的具体措施。对现场危险设备、地段、有毒物品存放地应配置醒目安全标志，施工应采取有效防毒、防污、防潮通风等措施，加强人员管理。按照方案及平面图中给定的噪声控制点，安装好测量仪器并妥善保护，每天早、中、晚分别记录噪声读数，并将每日记录整理并汇总分析。按照方案要求，每天落实土方施工、主体、装修施工阶段防扬尘污染措施的执行。做好不同施工阶段场区内目测扬尘高度记录并整理汇总分析。

围绕人力资源管理薪酬、绩效、素质测评、培训及招聘模块建立起来一套人事管理体系。人力资源节约和使用计划应遵循因地制宜的原则，分别按照地基与基础、结构工程、装饰装修与机电安装阶段科学合理地制定。

（6）信息化管理组。负责项目“互联网＋智慧工地”、PM 项目管理平台等的运维工作，平台检测系统内出现的预警情况及时反馈，现场及时采取措施。

（7）新技术推广/应用组。负责项目新技术推广、应用，尤其是绿色施工方面的新技术推广、应用。并且日常收集新技术应用成果影像资料。

（8）建筑垃圾减量化控制组。负责项目实施阶段全过程建筑垃圾减量化控制及相关措施的实施工作。确保建筑垃圾控制在 300t/万 m^2 以内。

（9）碳排放控制/统计组。负责项目实施阶段全过程碳排放控制及相关措施的实施工作，严格按照集团“双碳”三个 100%要求做好碳排放计算，采用节能减排措施减少碳排放，进行碳排放总量和减碳数据的收集与统计工作，确保碳排放控制在 25kg/m^2 以内。

3. 绿色建造实施流程

绿色建造实施流程为绿色建造目标分析论证→绿色策划→绿色设计→绿色施工→绿色交付→绿色建造总结。

（1）绿色建造目标分析论证。绿色建造目标分析论证的目的是论证绿色建造目标是否合理，目标是否有可能实现。如果经过科学的论证，目标不能实现，则必须调整目标。

（2）绿色策划。根据项目实际情况，对建造全过程、全要素进行统筹，科学确定绿色建造目标及实施路径的工程策划活动。

（3）绿色设计。贯彻绿色建造理念，落实绿色策划目标，进行绿色施工实施设计、项目相关深化设计等。包括施工全过程可减少对资源消耗和对生态环境的影响，采用具有节能、减排、安全、健康、便利、可循环等特征的建材产品。

（4）绿色施工。在保证工程质量、施工安全等基本要求的前提下，以人为本，因地制宜，通过科学管理和技术进步，最大限度地节约材料，减少对环境负面影响的施工及生产活动。

（5）绿色交付。在综合效能调试、绿色建造效果评估的基础上，制定交付策略、交付标准、交付方案，采用实体与数字化同步交付的方式，进行工程移交和验收。

（6）绿色建造总结。根据绿色建造实施过程及数据核算，总结绿色建造工程中的成果及不足之处，形成数字化信息，及时向公司内部反馈。

6.2.4.2 技术措施

1. 绿色设计技术

（1）根据项目实际情况，分阶段进场布置设计。

（2）对项目设计进行深化设计。包括：管线综合设计、幕墙深化设计、钢结构深化设计等。

2. 绿色施工技术

（1）结合项目实际情况编制绿色建造实施方案。对项目绿色施工具体实施各个阶段措施进行编制，保证绿色施工有序进行。

（2）对绿色建造施工方案进行交底，管理人员及作业班组严格按照方案施工。

6.2.4.3 经济措施

拟采取的经济措施见表 6-10。

经济措施　表 6-10

编号	措施类别	措施内容
1	资金管理	(1)执行专款专用制度。建立专门的工程资金账户,随着工程各阶段控制日期的完成,及时支付专业队伍的劳务费用,防止施工中因为资金问题而影响工程机械、材料符合绿色建造要求。 (2)执行严格的预算管理。施工准备期间,编制项目全过程现金流量表,预测项目的现金流,对资金做到平衡使用,以丰补缺,避免资金的无计划管理
2	资金投入	拿出一定资金作为绿色建造奖励基金,引入经济奖励机制,结合质量管理情况,奖优罚劣,充分调动全体班组和分包单位的积极性,力保绿色建造目标的实现

6.3　第三部分　绿色建造设计阶段实施方案

6.3.1　管理措施

6.3.1.1　各专业协同设计措施

(1) 建立涵盖设计、生产、施工等不同阶段的协同设计机制，实现生产、施工、运营维护各方的前置参与，统筹管理项目方案设计、初步设计、施工图设计。

(2) 采用协同设计平台，集成技术措施、产品性能清单、成本数据库等，实现全过程、全专业、各参与方的协同设计。

(3) 按照标准化、模块化原则对空间、构件和部品进行协同深化设计，实现建筑构配件与设备和部品之间模数的协调统一。

(4) 实现部品部件、内外装饰装修、围护结构和机电管线等一体化集成。

6.3.1.2　设计变更控制措施

针对设计变更的审批流程，严格控制设计变更，对影响工程绿色性能的设计变更应有论证和审批等控制措施。审批设计变更的主要流程如下。

1. 承包单位提出变更申请

(1) 承包单位提出变更申请，提交“工程联系单”“设计变更费用确认单”报监理单位，承包单位项目负责人签字并加盖单位公章后报监理单位审查。

(2) 监理单位收到“工程联系单”“设计变更费用确认单”后，经相关人员签字、单位盖章后报建设单位工程部。监理单位若审查未通过，应说明理由并返还给承包单位。

(3) 监理单位与建设单位同意变更后，设计院出具变更图纸。

2. 建设单位提出变更申请

(1) 建设单位提出变更申请的部门组织相关人员论证变更是否技术可行以及对造价有何影响。

(2) 建设单位提出变更申请的部门将论证结果报负责人同意后，通知设计院，设计院认可变更方案，进行设计变更，出“设计变更通知单”并附变更图纸或变更说明。

(3) “设计变更通知单”由建设单位发监理单位、造价咨询公司，监理单位发承包单位。

3. 设计院发出变更

(1) 设计院发出设计变更。

(2) 建设单位工程部组织相关人员论证变更影响。

(3) 建设单位工程部将论证结果报负责人同意后，“设计变更通知单”由建设单位发监理单位、造价咨询公司，监理单位发承包单位。

6.3.1.3 数字化设计

(1) 采用BIM正向设计，优化设计流程，支撑不同专业间以及设计与生产、施工的数据交换和信息共享。

(2) 集成应用BIM、GIS、三维测量等信息技术及模拟分析软件，进行性能模拟分析、设计优化和阶段成果交付。

(3) 统一设计过程中的BIM组织方式、工作界面、模型细度和样板文件。

(4) 采用BIM信息平台，支撑BIM模型存储与集成、版本控制，保障数据安全。

(5) 在设计过程中积累可重复利用及标准化部品构件，丰富和完善BIM构件库资源。

(6) 推进BIM与项目、企业管理信息系统的集成应用，推动BIM与CIM平台以及建筑产业互联网的融通联动。

6.3.2 设计要求

6.3.2.1 绿色建筑设计

(1) 场地设计有效利用地域自然条件，尊重城市肌理和地域风貌，实现建筑布局、交通组织、场地环境、场地设施和管网的合理设计。

(2) 按照“被动式技术优先、主动式技术优化”的原则，优化功能空间布局，充分发掘场地空间、建筑本体与设备在节约资源方面的潜力。

(3) 综合考虑安全耐久、节能减排、易于建造等因素，择优选择建筑形体和结构体系。

(4) 根据建筑规模、用途、能源条件以及国家和地区节能环保政策对冷热源方案进行综合论证，合理利用浅层地能、太阳能、风能等可再生能源以及余热资源。

(5) 体现海绵城市建设理念，采用“渗、滞、蓄、净、用、排”等措施对施工期间及建筑竣工后的场地雨水进行有效统筹控制，溢流排放应与城市雨水排放系统衔接。

(6) 优先采用管线分离、一体化装修技术，对建筑围护结构和内外装饰装修构造节点进行精细设计。

(7) 采用标准化构件和部件，使用集成化、模块化建筑部品，提高工程品质，降低运行维护成本。

6.3.2.2 绿色建材选用

建筑材料的选用应符合下列规定。

(1) 应符合国家和地方相关标准规范环保要求；宜优先选用获得绿色建材评价认证标

识的建筑材料和产品。

（2）宜优先采用高强、高性能材料。

（3）宜选择地方性建筑材料和当地推广使用的建筑材料。

（4）建筑结构材料应优先选用高耐久性混凝土、耐候和耐火结构钢、耐久木材等。

（5）外饰面材料、室内装饰装修材料、防水和密封材料等应选用耐久性好、易维护的材料。

（6）应合理选用可再循环材料、可再利用材料，宜选用以废弃物为原料生产的利废建材。

（7）建筑门窗、幕墙、围栏及其配件的力学性能、热工性能和耐久性等应符合相应产品标准规定，并应满足设计使用年限要求。

（8）管材、管线、管件应选用耐腐蚀、抗老化、耐久性能好的材料，活动配件应选用长寿命产品，并应考虑部品之间合理的寿命匹配性。不同使用寿命的部品组合时，构造宜便于分别拆换、更新和升级。

（9）建筑装修宜优先采用装配式装修，选用集成厨卫等工业化内装部品。

（10）该工程材料均需在项目所在地500km范围内供应。

具体选用绿色建材详见表6-11。

绿色建材选用 **表6-11**

序号	名称	规格型号	数量	单位	备注
1	薄壁方箱	500×500×160	1062.2	m^3	空心楼板
		400×400×210	429.5		
		500×500×210	4193.8		
		500×500×260	374.1		
2	阻燃型挤塑聚苯板	90mm	604.5	m^3	—
3	岩棉板	65mm	128.1	m^3	—
4	岩棉毡	40mm	2364.4	m^2	—
5	保温岩棉	50mm	19049.1	m^2	—
6	防火岩棉	—	1615.5	m^2	—
7	保温抗裂砂浆	—	10134.5	kg	—
8	商品混凝土	C10-C60	103914.9	m^3	含P6
9	预拌砂浆	M5-M20	17430.7	t	—
10	钢化中空双银玻璃	6+12A+6Low-E	44289.3	m^2	—
11	直螺纹套筒	d=25mm	48602	个	—
		d=28mm	3385		—
		d=32mm	180		—
12	岩棉吸声板	—	1254.4	m^2	—

6.3.2.3 项目绿色设计亮点

工程绿色设计主要内容详见表6-12。

绿色设计亮点 **表 6-12**

序号	专业	应用技术体系	技术要求
1	建筑	围护结构保温设计	外墙、屋顶等外围护结构采用常规保温隔热措施
2		建筑构件隔声性能	构件隔声及室内背景噪声满足标准要求
3		外窗幕墙可开启	玻璃幕墙可开启面积达到5%
4		非机动停车位	在合理位置设置非机动停车位
5		无障碍设施	在场地内人行通道、场地内人行通道与场地外人行通道的连接处、建筑入口设无障碍设施
6		绿色雨水设施	设置下凹式绿地等有蓄水功能的绿地面积，占总绿地面积的30%。 设置具体措施衔接和引导屋面雨水、道路雨水进入地面生态设施。 除机动车道路外其他硬质铺装地面中透水铺装面积的比例超过50%
7		绿化方式与植被	6层以下的建筑全部可利用平屋面，均进行了屋顶绿化
8		热岛强度	乔木、构筑物和建筑日照投影的遮阴面积之和占红线范围内户外活动场地面积的比例达到20%
9	给水排水	节水型器具	节水龙头：采用陶瓷阀芯加气节水龙头；公共卫生间龙头均采用感应式节水龙头。 坐便器、蹲便器：采用两挡节水型坐便器、感应式或脚踏式、自闭式冲洗阀蹲便器。 小便器：公共卫生间采用感应式小便冲洗阀
10		绿化浇洒	绿化浇洒采用微喷灌
11	电气	项目夜景灯具选择	灯具和光源的选用应与场地的周边环境保持一致，避免对周围环境产生光的干扰；将通过控制夜景照明的照度、亮度及照明功率密度值，合理选择照明光源、灯具和照明方式，合理确定灯具安装位置、照射角度和遮光措施，以避免光污染
12		对冷热源、输配系统、照明等各部分能耗进行独立分项计量	设置一套能耗监控系统，对耗电量、耗水量、耗气量进行数据分类分项计量采集监控，且监测数据可上传至长沙市能耗监测中心
13		走廊、楼梯间、门厅、大堂、电梯前室开关设计	走廊、楼梯间采用声光控制开关，门厅、大堂、电梯前室采用翘板开关就地控制，地下车库采用时间继电器控制，以达到节约电能的效果
14		变压器选择	采用高效能、低损耗的SCB12干式变压器，减少变压器的工艺损耗和空载损耗
15	暖通	冷热源选择	采用由长沙城投能源开发有限公司供给的区域性能源站冷热源，集中供应
16		空调冷热源设备	该工程所采用的空调机组能效系数均优于国家标准和规范规定的数值，分体空调机的能耗不低于国家二级能耗，EER值不小于3.2W/W，大于节能规范限值2.8W/W
17		空调风机设备选择	设计按规范要求选择低噪声的空调通风设备，以避免对环境的影响。 平时使用的风机、空调机组、新风机组、吊装风柜的进出口风管设置消声器(或消声弯头、消声静压箱)。 吊装风柜、通风机及新风机均设有弹性吊钩减震，隔断固体传声

6.4　第四部分　项目施工阶段实施方案

6.4.1　管理措施

6.4.1.1　协同管理机制

该工程采用“互联网+智慧工地”管理平台，按项目参建单位配置项目的职能部门、岗位、人员以及管理范围，按照岗位来划分人员的管理权限和工作职责；同时，录入人员的联系方式，确保项目业务数据的多端推送；通过平台发起和处理签证变更、技术交流以及工程洽商等相关事宜，进度节点一目了然，如图 6-11 所示。

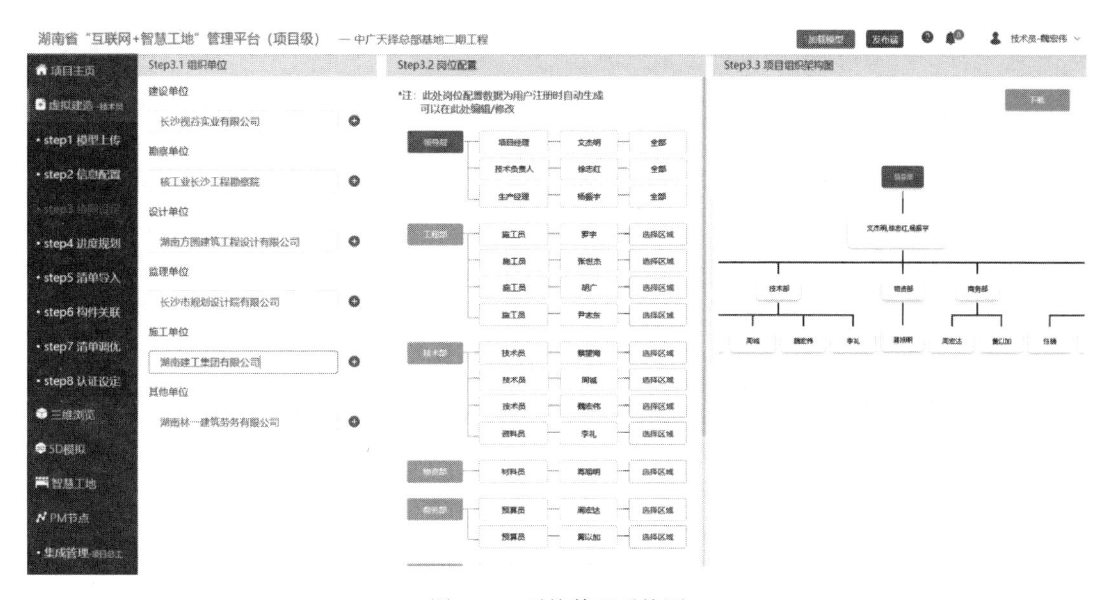

图 6-11　系统管理系统图

6.4.1.2　绿色施工方案编制要求

1. 绿色施工方案编制大纲

1）编制依据

绿色施工方案的编制依据有绿色施工相关法律、法规、规范性文件、标准、规范及图纸（国标图集）、施工组织设计等。要求引用的主要标准、法律法规等不遗漏、引用的依据不过时。

2）项目工程概况

绿色施工项目工程概况指对工程项目周边环境（周边建筑物、道路、高压线等）、地下管线等环境的描述；对工程项目本身施工所涉及的地质、水文、结构特点等主要基本特征的描述。

3）项目绿色施工策划

（1）绿色施工管理目标。项目应按照《湖南省建筑工程绿色施工评价标准》DBJ 43/T 101—2017及其他相关法律法规要求，针对“四节一环保＋人力资源与职业健康管理”环节，结合项目实际，因地制宜地制定明确的、符合实际的绿色施工管理目标。

（2）绿色施工管理领导小组。成立以项目经理为组长的绿色施工管理领导小组，要求管理领导小组成员分工明确、责任到人。

（3）绿色施工宣传。

① 现场绿色施工标识和宣传标语、施工CI标牌应包括绿色施工要素控制清单标牌、绿色施工管理制度，绿色施工管理体系图的设置方案。

② 绿色施工专题培训方案等。

（4）绿色施工要素控制清单。要素清单是项目按照现行《湖南省建筑工程绿色施工评价标准》DBJ 43/T 101—2017要求，结合项目实际，按“四节一环保＋人力资源与职业健康管理”动态管理原则制定出的各要素控制的汇总表。项目技术负责人应结合工程实际，针对“四节一环保＋人力资源与职业健康管理”六个要素，从临时设施布置、材料采购、设备机具选型、临时用电、用水、地下和周边环境、工程施工等方面制定要素控制清单。要体现要素的时间节点、控制措施及责任人等。

（5）绿色施工技术措施。

① 为实现绿色施工管理目标，结合项目实际，按照“四节一环保＋人力资源与职业健康管理”要素控制清单，因地制宜地采取建立节水设施、采用节能机具和照明设施、环境污染控制方面采取的控制手段等具体措施和方案。方案和措施不应抄搬绿色施工条款，而是对相关条款进行量化，必须做到部位明确、拟建环保设施尺寸具体和环保器具、材料规模型号、参数和数量等明确，图文并茂。

② 绿色施工技术交底。按照要素控制清单要求，组织项目部管理人员、施工班组长进行绿色施工技术交底的程序，书面交底记录表。

③ 绿色施工过程检查与数据统计。

a. 制定项目绿色施工实施情况检查的时间安排计划、责任分工，实施要求等，附检查及整改记录用表。

b. 项目部实施“四节一环保＋人力资源与职业健康管理”的计量统计手段、负责计量统计、分析的人员安排、实施计量和统计的科学方法、计量和统计工作的检查和控制措施、实际值与目标值的对比分析等，并附统计和分析记录表。

④ 绿色施工自评价。以现行《湖南省建筑工程绿色施工评价标准》DBJ 43/T 101—2017为主要评价依据，按地基与基础工程、结构工程、装饰装修与机电安装三个阶段，根据施工进度情况，针对项目部制定的要素清单，逐项进行自评价。自评价方案要具体，并附自评价记录用表。

（6）绿色施工管理制度。项目部在绿色施工培训、职业健康与安全、绿色施工现场管理、绿色施工材料和机械管理、废弃物管理、办公和施工材料的回收与利用、临时用电与用水管理、地下及周边环境保护、应急救援等方面有完善的管理制度。

2. 绿色施工方案审批流程

专项施工方案应由项目经理部、分公司审批后，于工程开工前填写施工组织设计/专项施工方案会审申请表，报公司审批。

6.4.1.3　深化设计

1. 深化设计方向

(1) 运用 BIM 技术对管线进行综合排布，进行碰撞检查，使各类管线排列有序、美观简洁。

(2) 结合工程的创优计划要求，对设计图纸进行细化，标注出部分节点的具体做法，保证工程的实施效果。

(3) 对设计蓝图进行优化、对使用功能进行完善。

2. 深化设计的流程

(1) 争取建设单位、监理及设计院的支持、配合。

项目进场后，项目部积极与建设单位沟通，请建设单位组织各参建单位同项目部一起进行图纸深化设计。

(2) 成立图纸深化设计小组。组织各专业技术人员组成深化图纸设计小组，实行人员分工。人员落实后，开始着手宏观的深化图纸设计，并把深化图纸设计得出的问题进行汇总归档。会同建设单位、监理、设计院及分包方的技术人员，一起进行深化图纸设计，经各方确认签章后用于指导施工。

(3) 用深化设计图纸来指导现场施工。使现场的施工过程严格按深化图纸的内容进行，并把现场施工中发现深化设计图纸存在的不足重新反映到深化设计图纸上来，从而进一步完善深化设计图纸。

6.4.1.4　绿色施工评价管理

根据《湖南省建筑工程绿色施工评价标准》DBJ 43/T 101—2017，评价层次包括批次评价、阶段评价和单位工程评价。

评价阶段按地基与基础工程、结构工程、装饰装修与机电安装工程进行，评价要素由控制项、一般项、优选项三类评价指标组成，评价等级分为不合格、合格、良好和优秀四个等级。

绿色施工自评价工作由项目绿色建造专职人员管理，批次自评价次数每月不少于 1 次，且每阶段不少于 3 次。

6.4.2　施工要求

6.4.2.1　绿色施工

1. 环境保护

1) 扬尘控制

(1) 对场区道路、加工区、材料堆放区进行地面硬化，如图 6-12 所示。

(2) 施工现场周边砌筑围墙围挡，并在围墙上设置喷淋管道，如图 6-13 所示。

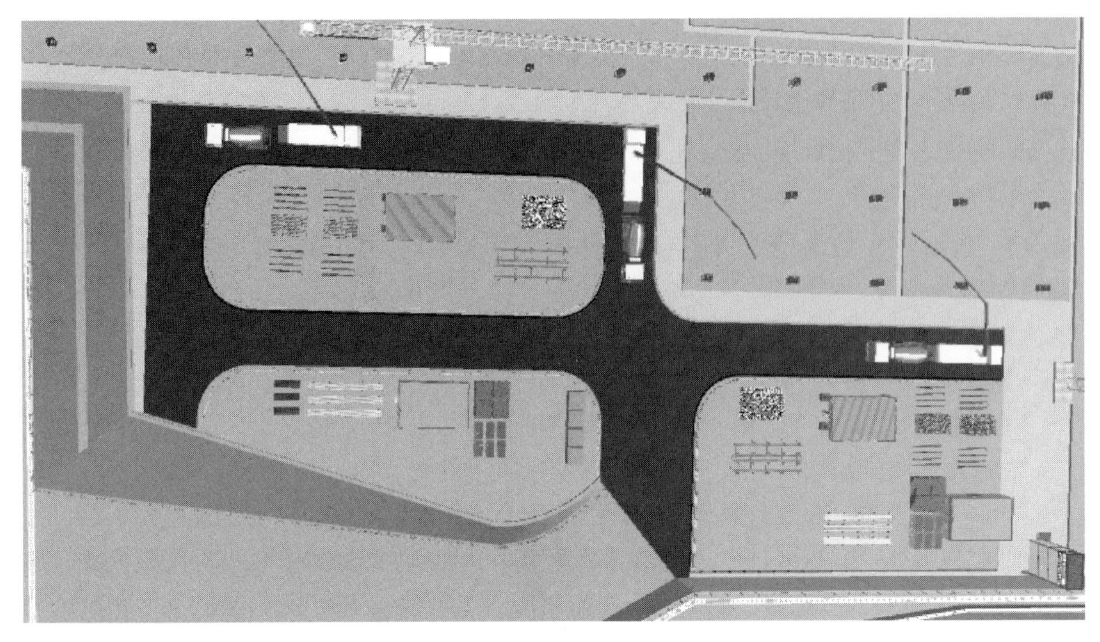

图 6-12　道路硬化

图 6-13　围墙喷淋管道

（3）裸土全部用防尘网覆盖，如图 6-14 所示。

图 6-14　裸土覆盖

（4）车辆驶离工地前，须在洗车槽上将轮胎清洗干净，如图 6-15 所示。

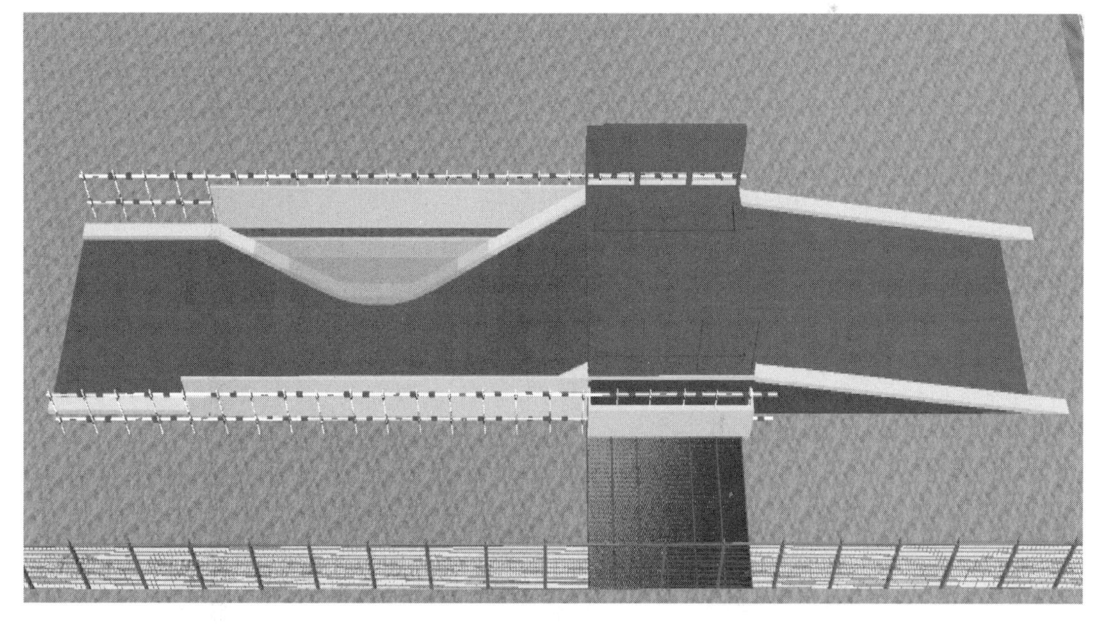

图 6-15　洗车槽 BIM 模型图（土方开挖阶段）

（5）对易产生扬尘的堆放材料采取覆盖措施，对粉末状材料封闭存放。运送土方、渣土等易扬尘物品的车辆采用封闭措施，如图 6-16 所示。

图 6-16　土方运输车

（6）施工现场定期洒水除尘，如图 6-17 所示。

图 6-17　洒水降尘车

（7）食堂设置摄像头，严控食品卫生。食堂餐饮许可证、厨师健康证齐全，如图 6-18、图 6-19 所示。

图 6-18　食堂监控

图 6-19　食堂餐饮许可证

（8）塔式起重机大臂安装喷淋管，如图 6-20 所示。

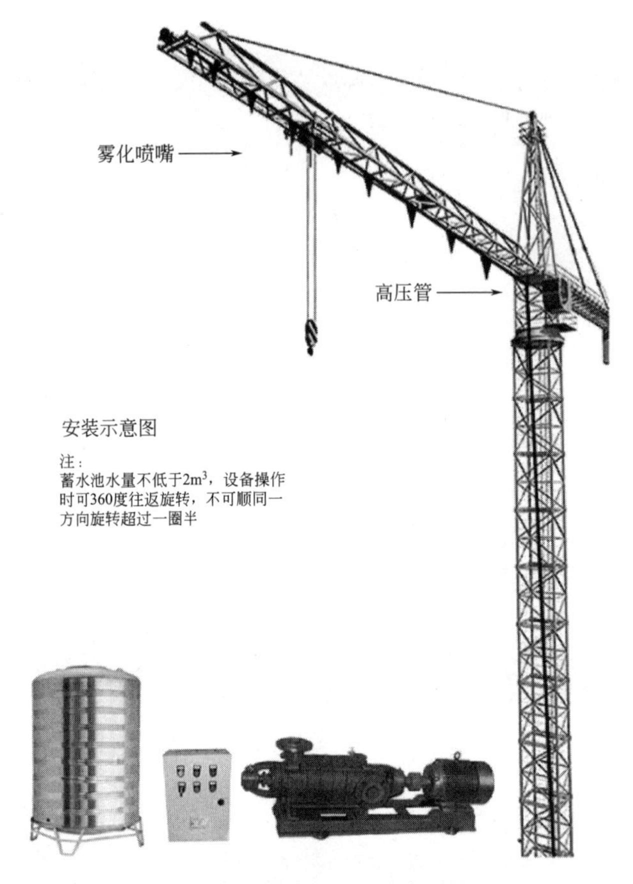

图 6-20 塔式起重机喷水系统

（9）根据工地实际需要配备雾炮机，如图 6-21 所示。

（10）采用预拌砂浆，如图 6-22 所示。

2）垃圾控制

（1）严格控制施工质量，避免不必要的返工造成建筑垃圾增多。

（2）坚持执行工清料净、班后清理制度。下班前，对砌筑、抹灰砂浆的数量进行预控，防止过多砂浆因工人下班而浪费；加强对工人的培训教育，砂浆等材料在下班后不能随意丢弃。

（3）加强建筑垃圾的回收再利用，对施工过程产生的废弃物如混凝土落地灰、碎石、碎砖等可用在铺筑临时道路的基层进行废物利用；对钢筋头等材料，向社会公开招标，由专业公司回收再利用。

（4）施工现场、生活区设置封闭垃圾容器，施工现场生活垃圾实行袋装化及时清运。对建筑垃圾进行分类，并收集到现场封闭垃圾站，集中运出。

（5）对外运垃圾进行车次统计，最后统计归纳出垃圾总产生量，控制每万平方米垃圾产生量不大于 300 吨。

图 6-21　雾炮机

图 6-22　预拌砂浆罐

（6）主要废弃物清单。

① 危险固体废弃物。

a. 施工现场危险固体废弃物（包括废化工材料及其包装物、电焊条、废玻璃丝布、废铝箔纸、聚氨酯夹芯板废料、工业棉布、油手套、含油棉纱棉布、油漆刷、废沥青路面、废旧测温计等）。

b. 试验室用废液瓶、化学试件废料。

c. 清洗工具废渣、机械维修保养液废渣。

d. 办公区废复写纸、复印机废墨盒、打印机废墨盒、废硒鼓、废色带、废电池、废磁盘、废计算机、废日光灯管、废涂改液。

②一般固体废物（可回收、不可回收）。

a. 可回收。

办公垃圾：废报纸、废纸张、废包装箱、木箱。

建筑垃圾：废金属、包装箱、空材料桶、碎玻璃、钢筋头、焊条头。

b. 不可回收。

施工垃圾：瓦砾、混凝土、混凝土试块、废石膏制品、沉淀物。

生活垃圾：食物加工废料。

c. 固体废弃物应分类堆放，并有明显的标识，如图 6-23 所示。

图 6-23　垃圾分类回收

d. 危险固体废弃物必须分类收集，封闭存放，积攒一定数量后由各单位委托当地有资质的环卫部门统一处理并留存委托书。

e. 对油漆、稀料、胶、脱模剂、油等包装物可由厂家回收的尽量由厂家收回。

f. 对打印机墨盒、复印机墨盒、硒鼓、色带、电池、涂改液等办公用品应实现以旧换新，以便于废弃物的回收，并尽可能由厂家回收处理。应建立保持回收处置记录。

g. 可回收再利用的一般废弃物须分类收集，并交给废品回收单位。如能重复使用的尽量重复使用（如双面使用废旧纸张、钢筋头再利用等）。对钻头、刀片、焊条头等一些五金工具应实现以旧换新，同时保留回收记录。

h. 加强建筑垃圾的回收利用，对于碎石、土方类建筑垃圾可采用地基填埋、铺路等方式提高再利用率。施工垃圾按指定地点堆放，不得露天存放。应及时收集、清理，采用袋装、灰斗或其他容器集中后进行运输，严禁从建筑物上向地面直接抛撒垃圾。生活垃圾应及时清理。垃圾清运过程中，易产生扬尘的垃圾应先适量洒水后再清运。

i. 固体废弃物清运单位必须有准运证，并让其提供废弃物收购、接纳单位资质证明和经营许可证，与其签订“固体废弃物清运协议”。复印准运证、资质证明、经营许可证与“固体废弃物消纳登记表”一并存档。

(7) 项目部在生活区和办公区定位设置可回收利用、不可回收利用垃圾桶，并在宿舍建立一个生活垃圾周转站，项目部与环卫单位签订垃圾清运合同，每两天清运一次。

3) 噪声控制

(1) 合理规划平面布置、加强操作管理，减少噪声以及噪声对周围环境的影响。现场噪声排放不能超过表 6-13 的规定。

噪声限值　　表 6-13

昼间/dB(A)	夜间/dB(A)
70	55

(2) 对木模板加工、铁件切割等极易产生较大噪声的作业，布置在远离居民区，可将噪声影响控制在最小；搭设作业棚，作业棚背向居民区、主要道路一侧均用木胶板密封，以减小噪声影响。

(3) 模板、木方等材料下料前要做出排版图，尺寸统筹规划，全部在木工加工区统一配模、切割，尽量避免在模板安装现场进行切割；混凝土振动器在作业时不得直接与钢筋接触，以防产生刺耳噪声，混凝土施工时间尽量安排在白天。

(4) 现场设置噪声动态监测点，测量仪器为积分声级计，在测量前后要对使用的声级计进行校准。测量应选在无雨、无雪的天气进行。当风速超过 1m/s 时，在测量时加防风罩，如风速超过 5m/s 时，停止测量，如图 6-24 所示。

图 6-24　噪声检测[1]

(5) 一般噪声源。

土方阶段：挖掘机、装载机、推土机、打桩机、运输车辆等。

[1] 图为施工现场照片，实际表述应为“噪声”。

结构阶段：汽车泵、振捣器、混凝土罐车、混凝土输送泵、支拆模板与修理、支拆脚手架、钢筋加工、电刨、电锯、人为喊叫、哨工吹哨、搅拌机、钢结构工程安装、水电加工等。

装修阶段：拆除脚手架、石材切割机、砂浆搅拌机、空压机、电锯、电刨、电钻、磨光机等。

（6）施工时间应安排在 6:00～22:00 进行，因生产工艺上要求必须连续施工或特殊情况需要夜间施工的，必须在施工前到工程所在地的区、县建设行政主管部门提出申请，经批准并在环保部门备案后方可施工。项目部要协助建设单位做好周边居民工作。

（7）人为噪声的控制措施。

① 提倡文明施工，加强人为噪声的管理，进行进场培训，减少人为的大声喧哗，增强全体施工生产人员防噪扰民的自觉意识。

② 合理安排施工生产时间，使产生噪声大的工序尽量在白天进行。

③ 清理维修模板时禁止猛烈敲打。

④ 脚手架支拆、搬运、修理等必须轻拿轻放，上下左右有人传递，减少人为噪声。

⑤ 夜间施工时尽量采用隔声布、低噪声振捣棒等方法最大限度地减少施工噪声；材料运输车辆进入现场严禁鸣笛，装卸材料必须轻拿轻放。

⑥ 每年高考、中考期间，严格控制施工时间，不得夜间施工。

（8）混凝土输送泵、电锯房等设置吸声降噪屏，如图 6-25 所示。

图 6-25　降噪屏蔽措施

4）光污染控制

（1）夜间施工，要合理布置现场照明，应合理调整灯光照射方向，照明灯必须有定型灯罩，能有效控制灯光方向和范围，并尽量选用节能型灯具。在保证施工现场施工作业面有足够光照的条件下，减少对周围居民生活的干扰，如图 6-26 所示。

图 6-26　照明灯设置定型灯罩

（2）在高处进行电焊作业时应采取遮挡措施，避免电弧光外泄，如图 6-27 所示。

(a) 焊工防护

(b) 高处封闭施焊

图 6-27　电焊作业防护措施

5）水污染控制

（1）施工现场污水必须达到《污水综合排放标准》GB 8978—1996 后方能排放。

（2）生活区设置专用下水管道，并通至化粪池、隔油池等设施处理生活污水，经初步处理之后再排到污水管网，如图 6-28 所示。

图 6-28　隔油池

（3）现场道路和材料堆放场周边设排水沟。

（4）清洗混凝土泵送设备所产生的污水首先要经过沉淀池，将水泥浆、沙石等沉淀过滤后方能排放到临时排水设施内，并由工地排水沟排至市政管网。

（5）工程污水采取去沙、除油污、分解有机物、沉淀过滤、酸碱中和等针对性的处理方式，达标后方可排入市政污水管道，如图 6-29 所示。

图 6-29　场内污水经三级沉淀池排放

（6）防污水污染的管理。该工程主体为钢筋混凝土结构，混凝土为商品混凝土；装修阶段所用材料以砂浆、腻子、涂料为主；安装材料全部采购成品料。以上材料对地下水基本无影响。工程所用的油漆、大型设备机油渗漏是主要潜在污染源。

油漆封装在带盖容器中使用，使用完成后专门回收，严禁乱扔。对混凝土泵等大型设备加强日常检查维护，防止液压油泄漏。维护时用专用容器盛接废旧机油。

（7）在东门和北门门口处分别设置洗车槽，洗车水须经三级沉淀后方可排入市政管网。

6）废气排放控制

进出场车辆及机械设备废气排放必须符合国家年检要求，禁止排放达不到国Ⅲ标准的非道路移动机械进场施工，坚决清退已入场不达标非道路移动机械。

电焊烟气的排放符合国家标准《大气污染物综合排放标准》GB 16297—1996 的规定，不得使用煤作为现场生活燃料，严禁在现场燃烧废弃物。

按照《长沙市工程建设施工现场非道路移动机械排气污染防治实施办法》（长政办发〔2019〕32 号）要求，全面落实建筑工地施工现场关于非道路移动机械管理的相关规定。进入建筑工地的非道路移动机械所有者（企业或个人）到生态环境主管部门办理编码登记手续，禁止未完成编码登记的设备进入建筑工地施工现场。

7）土壤保护

（1）保护地表环境，防止土壤侵蚀、流失。对基坑开挖过程中基坑四周产生的裸露土层进行喷浆防护，以免流失。施工前做好规划，确定场区内临时用地的用途，原地表植被能不破坏就尽量不破坏。

（2）液体废弃物的管理。沉淀池、隔油池、化粪池等及时疏通，避免发生堵塞、渗漏、溢出等现象，环卫部门应及时清掏各类池内沉淀物并运走。

（3）建立固体垃圾分类回收制度。在生活、办公区内，对垃圾分为有害、可回收、不可回收三大类，专门设置垃圾桶，做好醒目标识。对电池、墨盒等污染源废弃物回收后交给市环保局集中处理，不能作为建筑垃圾外运，避免污染土壤和地下水。

（4）施工现场存放的油料和化学溶剂等物品应设有专门的库房，地面应做防渗漏处理。废弃的油料和化学溶剂应集中处理，不得随意倾倒。

（5）食堂应设隔油池，池上设盖板。盖板要方便开启，便于隔油池的清掏。

（6）施工现场设置的临时厕所化粪池应做抗渗处理。

（7）在基坑四周等适当设置排水沟及相关的滤网和沉淀池来沉积雨水中泥土，定时清理防止流失。

（8）施工后恢复施工活动破坏的植被（一般指临时占地内）。与当地园林、环保部门或当地植物研究机构进行合作，在先前开发地区种植合适的植物，以恢复剩余空地地貌或科学绿化，补救施工活动中人为破坏植被和地貌造成的土壤侵蚀。

（9）采用真空井点降水。真空井点降水技术抽出的地下水为清水且其造成的影响范围小，不会造成被开挖土层和基底中固体颗粒物的流失，降水的效果可靠，可以作为超强透水土层层位避免基坑失稳的风险的技术措施。

8）地下设施、文物和资源保护

（1）施工前应调查清楚地下各种设施，做好保护计划，保证施工场地周边的各类管道、管线、建筑物、构筑物的安全运行。

（2）施工过程中一旦发现文物，立即停止施工，保护现场并通报文物部门并协助做好工作。

9）人员健康

（1）现场食堂有卫生许可证，有熟食留样，炊事员持有效健康证明，健康证须上墙。

（2）施工作业区和生活办公区分开布置，生活设施远离有毒有害物质，临时办公和生活区距有毒有害物质存放地为50m以上。

（3）生活区有专人负责，并有消暑或保暖措施。

（4）从事有毒、有害、有刺激性气味和强光、强噪声施工的人员佩戴与其相应的防护器具。

（5）深井、密闭环境、防水和室内装修施工有自然通风或临时通风设施。

（6）现场危险设备、地段、有毒物品存放地配置醒目安全标志，施工采取有效防毒、防污、防尘、防潮、通风等措施，加强人员健康管理。

（7）厕所、卫生设施、排水沟及阴暗潮湿地带应定期消毒，如图6-30所示。

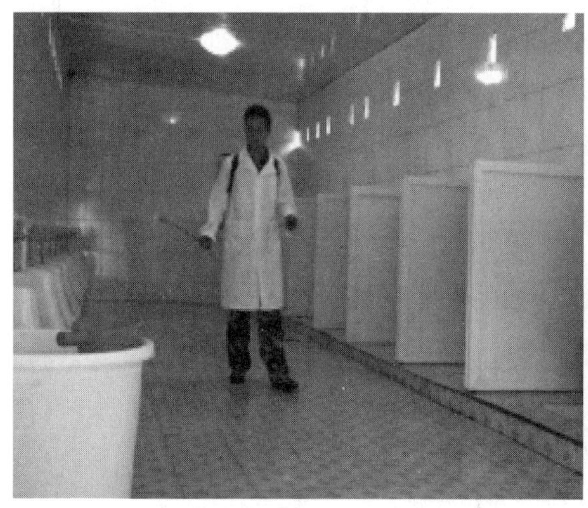

图6-30　厕所定期消毒

（8）食堂各类器具清洁，个人卫生、操作行为规范。

（9）现场设置可移动环保厕所，并定期清运、消毒。

（10）现场有医务室，人员健康应急预案完善。

10）道路污染防治措施

（1）工程车辆通行时，及时向当地交通管理部门办理手续，征得同意后，方能上路，拉运土方的车辆采用密闭式自卸车，以防土块洒落，污染路面。

（2）在建设施工中及时、经常与当地政府、环保部门联系，征求他们的意见，做好环境保护工作。

11）完工后场地清理

工程完工后及时清理建筑垃圾。楼层清理下来的垃圾集中堆放与清运，清运中做好防止滴漏飞扬的措施，对场地内有恢复规划的植被进行恢复。

2. 节材与材料资源利用

1）材料节约规划与管理

(1) 技术与经济相结合控制材料消耗。图纸会审时，应根据地质、气候、居民生活习惯等提出各种优化方案，在保证建筑物各部分使用功能的情况下，尽量采用工程量较小、速度快、对原地表地貌破坏较小、施工简易的施工方案，尽量选用能够就地取材、环保低廉、寿命较长的材料。

(2) 加强材料计划管理。在项目施工前，根据优化的方案，准确提供出所用材料计划，并根据施工进度确定进场时间。按计划分批进场，现场所进的各种材料总量如无特殊情况不能大于材料总计划。加强施工现场的管理，杜绝施工过程中的浪费，使实际材料损耗率小于定额损耗率，见表 6-14。

定额损耗率表　　**表 6-14**

消耗材料名称	定额/一般损耗	目标损耗
钢筋	3%	1.5%
模板+木方	55 元/m^2	48 元/m^2
混凝土	2%	1%
砌体材料	1%	0.5%
内墙抹灰砂浆	1%	0.5%
外墙抹灰砂浆	1%	0.5%

(3) 劳务管理。与劳务单位达成协议，设立材料节约奖，对降低材料消耗的行为进行奖励。

(4) 加强现场管理。

① 加强材料保管。对水泥等易受潮、变质的材料，设立专用库房，库房底部用砖垫起，满铺木胶板防潮。

② 加强材料在使用过程中的控制。如加气混凝土砌块在搬运时轻拿轻放；模板、木方严格按照配模方案施工，严禁随意切割；钢管扣件等周转材料及时收回并维修好，以便再次使用。

③ 实行限额领料制度。每天根据施工任务及计划进度情况安排班组按照消耗定额从仓库领取材料，避免浪费。

④ 加强现场防盗检查。对价值较高的材料，如钢筋、型钢、电缆等进行重点监控。围挡密封严密，车辆出入均要进行检查，材料出场必须开具出门证。

⑤ 购买材料时尽量就地取材，做好材料台账，记录好厂家、产地、运距等信息，500km 以内生产建材统计表，见表 6-15。

2）主体结构用消耗材料的控制

主体结构施工中，重点控制钢筋、混凝土、铁钉、钢筋绑扎丝、砌块、砂浆等消耗材料的损耗。

500km 以内生产建材统计表 **表 6-15**

材料名称	生产场地	距现场距离≤500km		距现场距离＞500km	
		距现场距离(km)	采购数量(t)	距现场距离(km)	采购数量(t)
钢材	湖南娄底	176.5	17176.0	/	0
模板	浏阳市	84.5	205.0	/	0
砌块	岳阳市	170.4	26016.4	/	0
水泥	永州祁阳	302.4	1004.3	/	0
混凝土	长沙市	16.3	239004.3	/	0
薄壁方箱	长沙市	50.4	13937.1	/	0
保温砂浆	常德市	201.5	10.1	/	0
预拌砂浆	长沙市	16.3	17430.7	/	0
门窗玻璃	邵阳市	248.0	2657.4	/	0
其他材料	长沙市周边	100.0	64500.0	643.1	9.4
合计			X=381941.3		Y=9.4

注：距现场 500km 以内建筑材料采购量占比=X/（X+Y）=100%

（1）钢筋消耗量的控制。

① 钢筋下料前，绘制详细的下料清单，清单内除标明钢筋长度、支数等外，还需要将同直径钢筋的下料长度在不同构件中比较，在保证质量、满足规范及图集要求的前提下，将某种构件钢筋下料后的边角料用到其他构件中，避免过多废料出现。

② 根据钢筋计算下料的长度情况，合理选用 12m 钢筋，减小钢筋配料的损耗；钢筋直径不小于 16 的采用连接机械连接，避免钢筋搭接而额外多用材料。

③ 加强质量控制，所有料单必须经审核后方能使用，避免错误下料；现场绑扎时严格按照设计要求，加强过程巡查，发现有误立即整改，避免返工废料。

④ 将钢筋边角料中长度大于 850mm 的筛选出来，单独存放，用于填充墙拉结筋、构造柱纵筋及箍筋、过梁钢筋，变废为宝，以减小损耗，如图 6-31 所示。

（2）混凝土、砌块、铁丝消耗量的控制。

① 工程采用商品混凝土，并通过优化配合比，合理利用粉煤灰、矿渣等材料减少水泥用量，如图 6-32 所示。

② 加强混凝土施工前的管理：混凝土浇筑前，由专业工长、施工员、质量员、技术负责人、预算员、监理工程师共同确认混凝土强度等级、方量，有无特殊要求等。经核实无误后交其他专业会签确认所属工作均已完成后方能开始浇筑，避免返工浪费。

③ 加强混凝土供应的管理：根据计划方量控制混凝土供应量，先按照计划数的 80%供料，剩余 20%采用逐车控制，避免混凝土超供浪费。

④ 砌块消耗量的控制：砌块进场前预先划定专用存放场地，避免材料二次搬运造成损耗；材料卸车及施工时轻拿轻放，尽量避免断砖；材料堆放高度不要超过 2m，以防

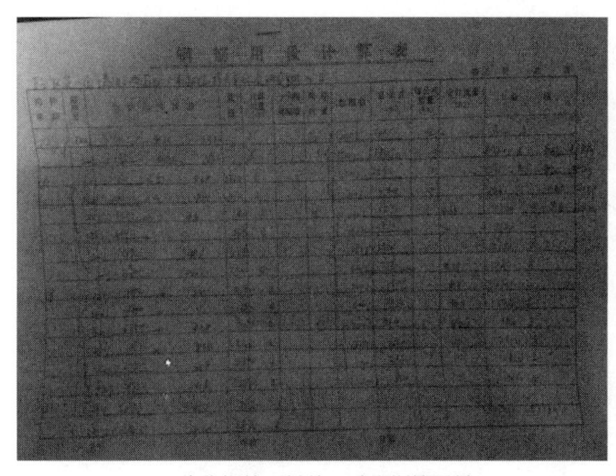

(a) 优化钢筋下料单，减少钢筋用量

(b) 直螺纹连接，减少钢筋用量

图 6-31　机械设备选型

图 6-32　工程采用商品混凝土

倾倒。

⑤ 扎丝、铁钉等小型材料的控制：小型材料采用按定额固定单价的方法发包给劳务分包，充分发挥工人积极性，降低消耗量。

3）周转材料

该工程使用的周转材料主要有模板、木方、钢管扣件、彩钢板围挡、轻钢结构临时房屋等。

(1）模板材、木方消耗周转的控制。

① 采用科学合理的施工组织降低材料损耗：根据该特点，基础模板采用旧多层板，

主体采用新多层板，降低造价。

② 合理配置模板尺寸，充分利用边角料：施工前对模板工程的方案进行优化，配制模板时，统筹合理规划，将不符合模数切割下来的边角料在尺寸合适的情况下，用在梁底、两侧或楼板接缝处，做到废物利用。

③ 加强木材损耗的管理：木方进场可避免由于木方长度过长导致切割浪费出现。加强对工人的节材教育，采用教育与经济处罚相结合的方法控制随意切割木料。

④ 做好模板计算工作，确保翻样的木材定额损耗率小于4.5%。模板每使用两次后应反面使用，防止模板的变形累加，保持模板的平整度。

⑤ 塔楼部分采用爬架，可实现循环利用，如图6-33所示。

图6-33 塔楼爬架

(2) 钢管、扣件、工字钢、彩钢板围挡、轻钢结构临时房屋等材料的控制。

① 加快施工速度，提高周转效率。在所有参建人员中树立加快进度的思想，在保证质量、安全的前提下，提高单位时间内的周转次数。

② 临时设施的管理：现场生活用房采用周转式钢结构活动房，组装、拆除简便易行且可重复利用。基坑开挖阶段，施工现场采用装配式可重复围挡封闭，既达到封闭效果，又拆装灵活。

③ 安全防护设施定型化、工具化、标准化。

(3) 废旧材料的再生利用。

① 如混凝土余料浇筑便道，钢筋余料做马蹬筋等，如图6-34所示。

② 板材、块材等下脚料应科学利用，避免材料浪费，如图6-35所示。

③ 办公用纸分类摆放，纸张应两面使用，废纸应回收利用，如图6-36所示。

图 6-34　钢筋余料做马蹬筋

图 6-35　废模板做楼梯踏步保护

图 6-36　办公用品再利用

4）安装工程材料

（1）采用可循环使用材料搭建临时设施。如：彩钢板、拼接水泥板、集装箱式办公室等。

（2）提倡模块化设计，推广工厂化预制，工厂化预制可实现流水作业，节约大量材料。如风管预制、排水管预装配、综合支架预制。

（3）采用BIM建模，进行综合管线碰撞模拟，快速找出疏漏、缺陷和问题，并提前解决，大幅减少多专业交叉施工时返工材料的浪费，管线布局更加合理，为后期调试维修减少系统障碍。

（4）安装工程零配件较多，应采用超市货架方式放置各种零配件，方便管理，减少材料浪费，也可节约仓库空间。

（5）采用数据库进行材料进用管理，建立完善领料机制，分析项目材料使用状况，超出成本预算应有报警，管理人员应及时进行分析。

（6）设置分类回收区，收集每一个塑料配件、金属螺栓。尽量回收利用资源，减少环境污染。

5）装饰装修材料

该工程主要装饰装修材料有钢材及铝型材、墙（地）砖、玻璃等。

（1）钢材及铝型材。

① 配料单应严格认真计划，必须周密考虑，根据现场原材的长度以及钢材连接方式，结合规范规程进行钢材及铝型材抽样。

② 下料前应对照设计图纸和配料单，如发现问题及时处理，避免出现错误，浪费材料。

③ 在钢材加工过程中，严格控制各种型号钢材及铝型材的数量，不能在作业面堆放过多数量，并且在工作面必须堆码整齐，由专业工长直接负责，必须做到工完料尽脚下清。

（2）墙、地砖。

① 下料或采购前应对照设计图纸和配料单，如发现问题应及时处理，避免出现错误，浪费材料。

② 规范堆放，以防材料破损。

③ 采用BIM技术排砖样，充分利用材料，减少材料浪费。

（3）玻璃。

① 下料前应对照设计图纸和配料单，如发现问题应及时处理，避免出现错误，浪费材料。

② 在玻璃安装时，规范堆放、小心运输，以防玻璃的破损。

3. 节水与水资源利用

1）提高用水效率，减少自来水消耗

（1）合理规划施工现场及生活办公区临时用水布置。供水管网根据实际情况及用水量设计布置，布管时尽量避开施工主要道路或加工场区。在水管连接处用塑料膜缠紧，防止漏水。

（2）加强养护用水管理。对柱构件，在拆模后向表面喷水，再用塑料薄膜覆盖包紧达到养护目的。对墙构件，采用涂刷养护液的方法养护，可不再单独喷水养护。对楼板混凝土，在楼层放线完成后，浇一遍水并抓紧进行楼板模板施工，减少楼板暴露在露天环境下的时间。养护用水做到人走水关，避免出现长流水现象，如图 6-37 所示。

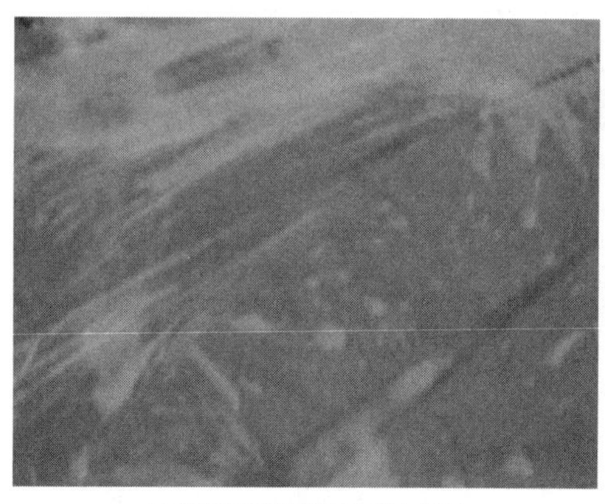

(a) 薄膜覆盖养护提升节水效果

(b) 喷雾气喷洒养护节约用水

图 6-37　节约养护用水

（3）采用商品混凝土，集中式工厂化生产，可避免施工现场大量用水造成的过大损耗。

（4）施工现场办公区、生活区的生活用水由保卫人员专人看管；施工现场生产、生活用水使用节水型生活用水器具，盥洗池、卫生间采用节水型水龙头、低水量冲洗便器或缓闭冲洗阀等。同时对参建人员进行节约用水的教育，在生活区设置节约用水宣传栏，在洗漱台等水源处设置节约用水标志，如图 6-38 所示。

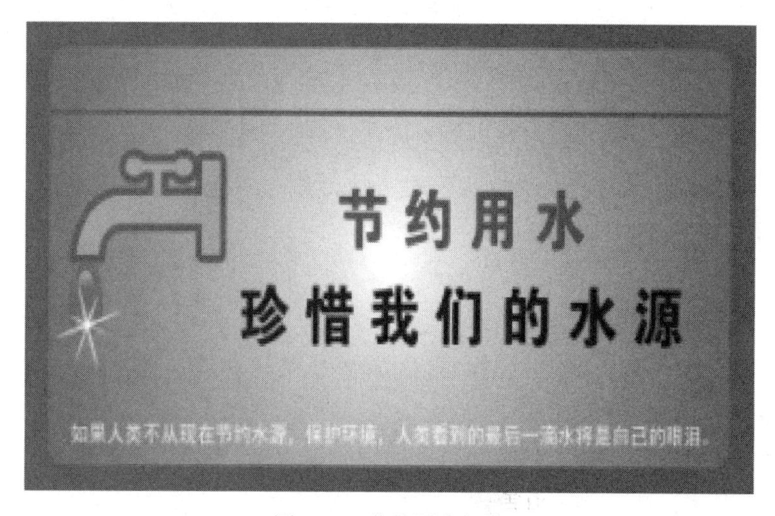

图 6-38　节约用水标志

（5）施工现场和生活区用水设置用水定额，以迫使全体人员养成节水意识。实行用水计量管理，严格控制施工阶段的用水量。施工用水必须装设水表，生活区与施工区分别计量。及时收集施工现场的用水资料，建立用水节水统计台账，并进行分析、对比，提高节水率，见表 6-16、表 6-17。

施工用水参考定额 **表 6-16**

用水对象	单位	耗水量
混凝土养护	L/m^3	200
冲洗模板	L/m^3	5
砌体工程全部用水	L/m^3	200
抹灰工程全部用水	L/m^3	30
浇砖	L/千块	200
楼 地 面	L/m^2	190
搅拌砂浆	L/m^3	300
下水管道工程	L/m	1130

生活用水参考定额 **表 6-17**

用水对象	单位	耗水量
生活用水(洗漱、饮用)	L/人日	30
食堂	L/人次	15
浴室	L/人次	50

2）非传统水源利用

（1）在洗车槽附近设置沉淀池及清水池，洗车用水沉淀后用于道路洒水等。

（2）基坑降水用于冲洗路面、混凝土养护、冲洗车辆等。

（3）在地下室设置储水池，将沉淀后的雨水及基坑降水抽入储水池，用于施工用水或消防用水。

（4）用水安全。在现场循环再利用废水的使用过程中，严禁人员饮用，并不得将这些水源用于砂浆搅拌等作业中，以确保避免对人体健康、工程质量产生影响。还要加强管理，避免水池破裂等原因对周围环境产生不良影响。

4. 节能与能源利用

1）办公区、生活区节能控制

（1）现场办公室采用敞开的办公格局，以自然通风、自然光照明为主，缩短空调机使用时间。办公区及生活区照明采用 LED 节能灯，并在室内设置提示标识。办公和生活用房合理配置采暖设施、空调、风扇数量，并控制使用时间，如图 6-39 所示。

（2）生活区设置用电定额。宿舍统一采用 12W 的 LED 节能灯具照明，根据项目部用电规定，夏天每个房间每天用电量不超过 6 度，每月总用电量不超过 200 度；冬天每个房间每天用电量不超过 0.6 度，每月总用电量不超过 20 度。宿舍实行一室一表，定期抄表，按月结算，超用部分电费由宿舍人员或所在班组负责缴纳，如图 6-40 所示。

图 6-39　LED 节能灯

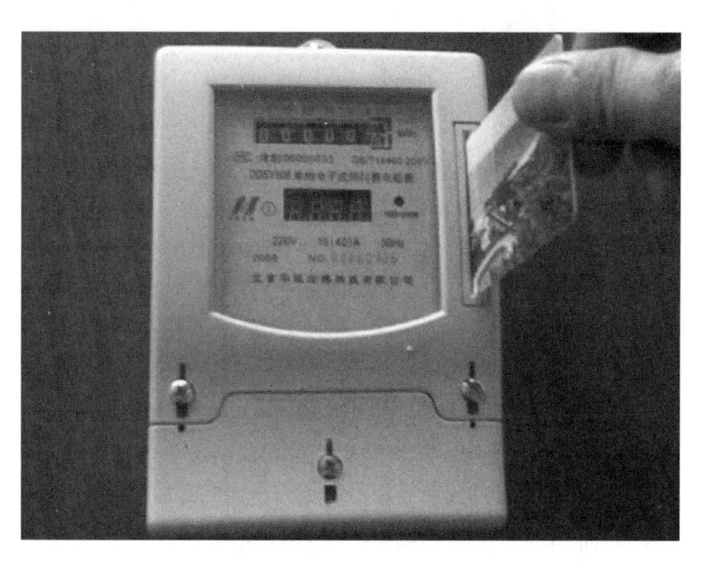

图 6-40　计量表

（3）办公区和生活区规定合理的温、湿度标准和使用时间，提高空调和采暖装置的运行效率。夏季室内空调温度设置不得低于 26℃，冬季室内空调温度设置不得高于 20℃，空调运行期间应关闭门窗，如图 6-41 所示。

（4）加强用电管理，做到人走灯灭。宿舍区根据时间进行拉闸限电，在确保参建人员休息、生活所用电源外，尽可能减少不必要的消耗。办公区严禁长明灯，空调、电暖器在临走前要关闭，使用时实行分段分时使用，节约用电。合理规划临电线路布置，采用自动控制装置，采用声控节能照明灯具对走廊、卫生间等提供照明，如图 6-42 所示。

（5）生活区配电箱内增设定时断电开关，避免因屋内人员忘记关闭空调造成浪费，如图 6-43 所示。

图 6-41　变频空调机稳定设置

图 6-42　声控开关

图 6-43　定时断电开关

2）施工现场机械设备管理

（1）选择功率与负载相匹配的施工机械设备，机电设备的配置可采用节电型机械设备，如逆变式电焊机和能耗低、效率高的手持电动工具等，以利节电，如图 6-44 所示。

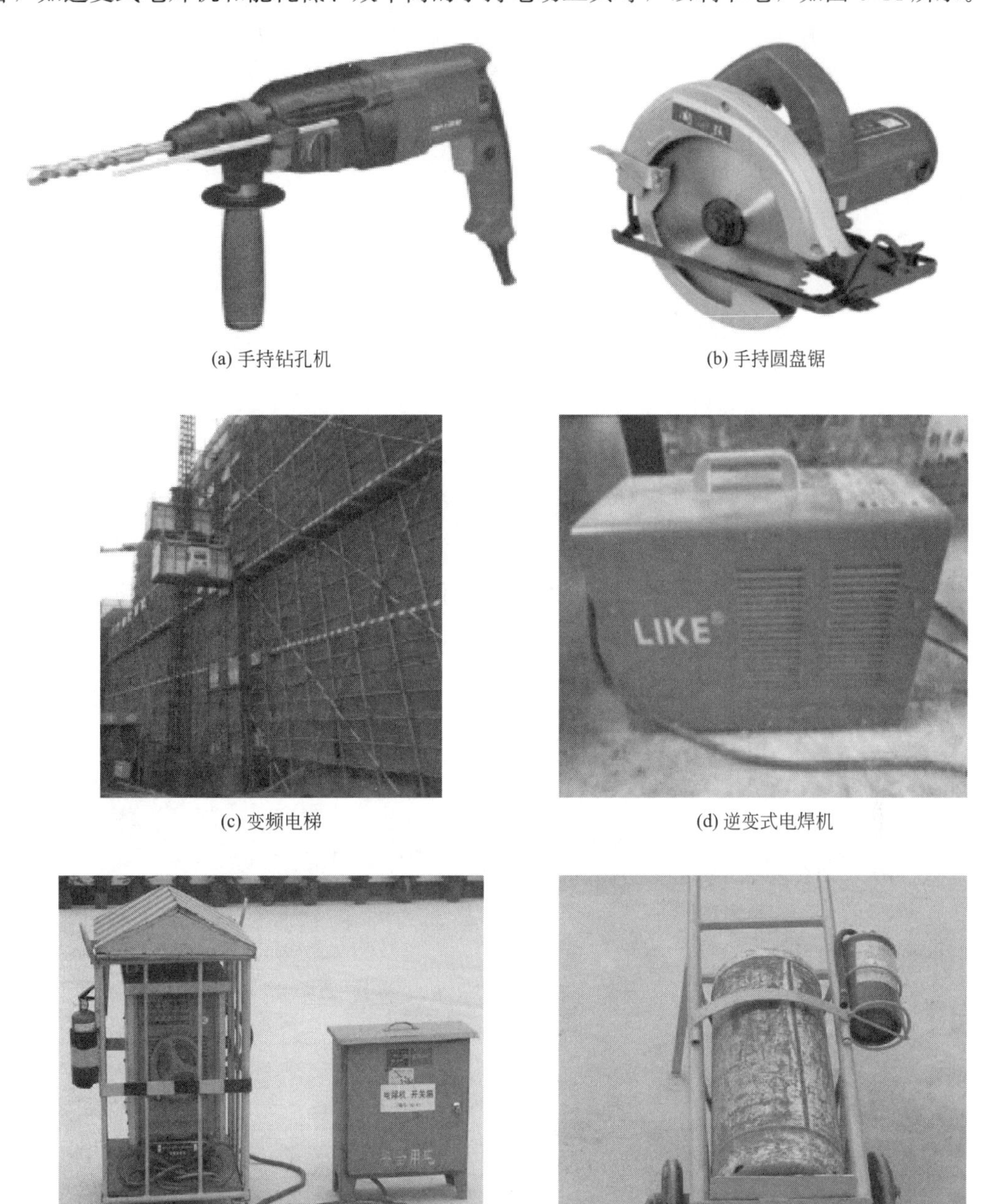

(a) 手持钻孔机　(b) 手持圆盘锯

(c) 变频电梯　(d) 逆变式电焊机

(e) 电焊机专用开关箱　(f) 气瓶专用移动设备

图 6-44　机械设备选型

（2）所有设备由总包单位控制使用，分包单位协调共享。施工现场实行总电能集中输出供电系统，既保证了安全用电，又降低了交叉能耗，生活区、办公区、生产区单独装表计量。

（3）施工机械设备应建立按时保养、保修、检验制度。

（4）220V/380V 单相用电设备接入 220/380V 三相系统时，宜使用三相平衡。

（5）合理安排工序，提高各种机械的使用率和满载率。

（6）工程开工后，制定合理施工能耗指标，对现场用电量建立消耗台账，指定责任人，每月一次填写台账，每季度考核一次节能效果，并有预防与纠正措施。

3）材料运输与施工节能

（1）建筑材料的选用应缩短运输距离，减少能源消耗；工程施工使用的材料宜就地取材。

（2）改进施工工艺，节能降耗。

（3）合理安排施工工序和施工进度。

（4）尽量减少夜间作业和冬期施工的时间；夜间作业不仅施工效率低，而且需要大量的人工照明，用电量大，应根据施工工艺特点，合理安排施工作业时间。

5. 节地与施工用地保护措施

1）施工总平面布置

（1）科学、合理布置施工总平面，充分利用原有建筑物、构筑物、道路、管线为施工服务。

（2）施工现场仓库、加工厂、作业棚、材料堆场等布置靠近已有交通线路，缩短运输距离。

（3）临时办公和生活用房应采用经济、美观、占地面积小、对周边地貌环境影响最小的多层轻钢活动板房，如图 6-45 所示。

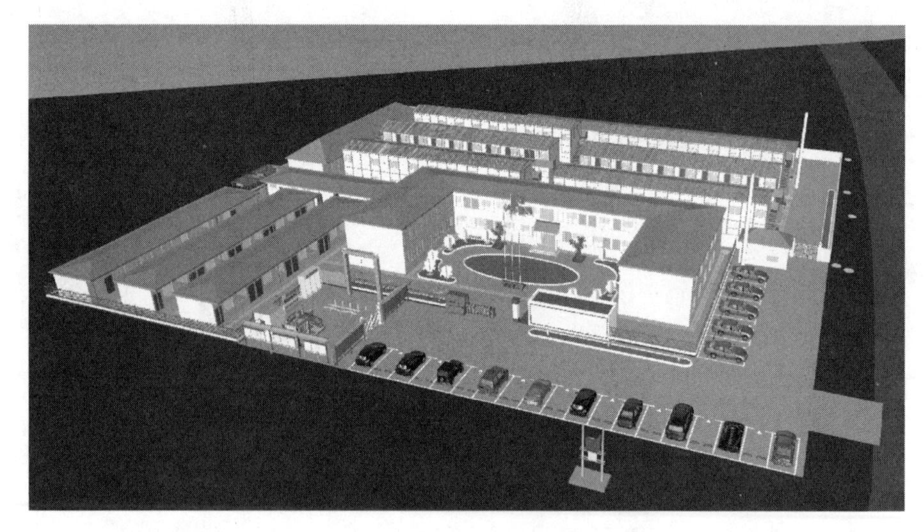

图 6-45　办公、生活区平面布置图

（4）施工现场道路按照永久道路和临时道路相结合的原则布置。施工现场内形成环形道路，减少道路占用土地。

（5）临时设施布置应注意远近结合，努力减少和避免大量临时建筑拆迁和场地搬迁。

（6）各项施工设施布置都满足方便施工、安全防火、环境保护和劳动保护的要求。

（7）施工现场布置实施动态管理，根据工程进度对平面进行调整。

（8）符合施工现场卫生及安全技术要求和防火规范。

（9）结合拟采用的施工方案及施工顺序。

（10）考虑施工场地状况及主要出入口交通状况。

（11）各种施工机械既满足各方面作业需要又便于安装、拆除。

（12）合理组织运输，保证现场运输道路畅通，尽量减少二次搬运。

（13）实施严格的安全及施工标准，争创全国安全生产标准化工地。

2）节地与土地资源措施

（1）控制项。

① 施工场地进行平面布置后，进行方案优化设置，在实施过程中实施动态管理；工程地下 2 层，地上 3/26/28/33 层，施工场地狭窄，考虑动态布置现场，分阶段进行现场平面布置，如图 6-46～图 6-48 所示。

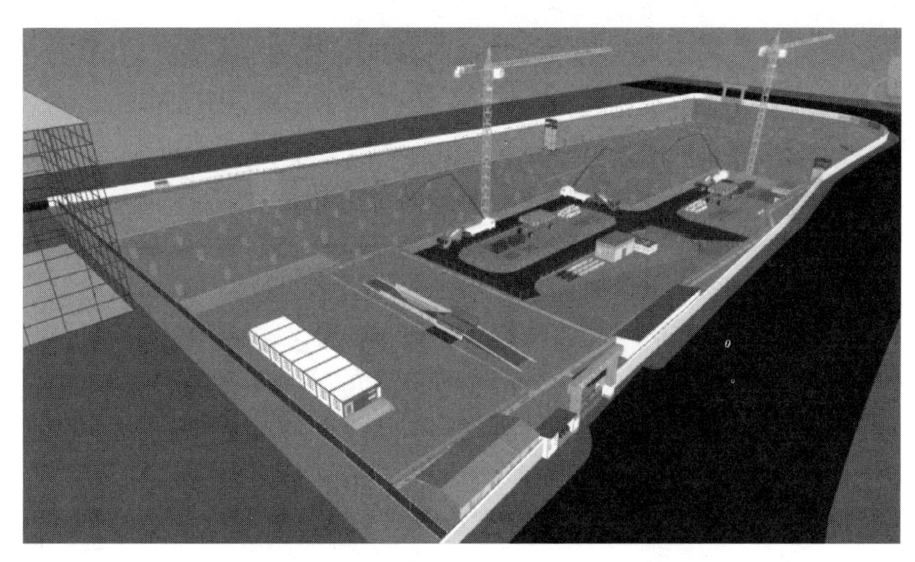

图 6-46　Ⅰ、Ⅱ区地下室施工阶段平面布置图

② 充分了解施工现场及毗邻区域内人文景观保护要求、工程地质情况及基础设施管线分布情况，制定相应保护措施，并报请相关方核准。

（2）一般项。

① 根据建设方提供的场地，我们通过策划，科学合理布置施工总平面，既节约了用地，又经济美观，尽量减少死角。

② 施工现场道路按照永久道路和临时道路相结合的原则布置。项目考虑到现场道路工程结束后为永久道路，在施工阶段便将道路按永久道路进行硬化施工，避免结束后道路二次施工。施工现场内形成环形道路，减少道路占用土地，双车道路宽度为 6m。

（3）优选项。

临时办公和生活用房应采用经济、美观、占地面积小、对周边地貌环境影响最小的多

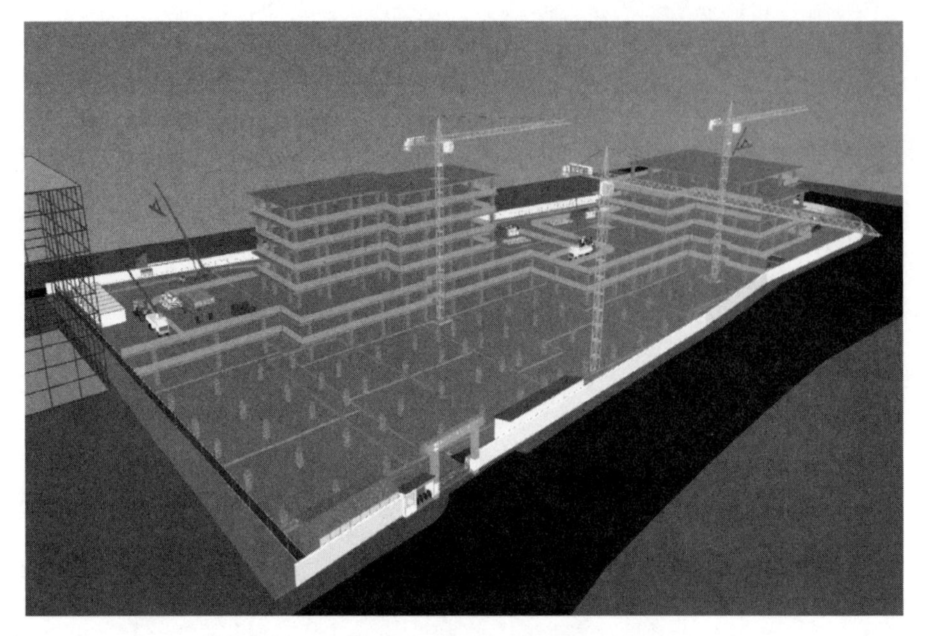

图 6-47　Ⅲ区地下室施工阶段平面布置图

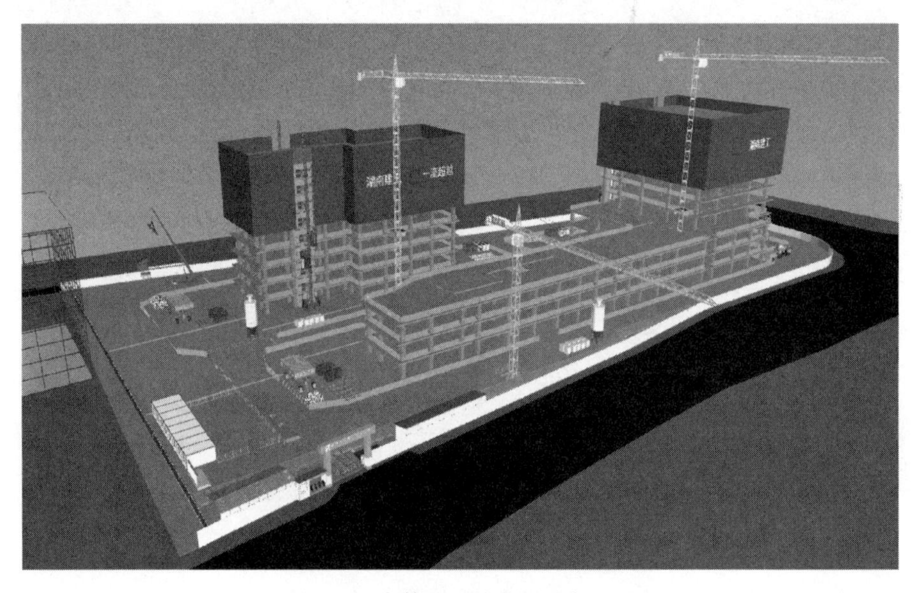

图 6-48　主体施工阶段平面布置图

层轻钢活动板房。

6. 人力资源节约与保护

1）人力资源基本要求

（1）人力资源管理体系是指围绕人力资源管理六大模块而建立起来的一套人事管理体系，包括薪酬、绩效、素质测评、培训及招聘等。人力资源节约和使用计划应遵循因地制宜的原则，分别按照地基与基础、结构工程、装饰装修与机电安装阶段科学合理地制定。

（2）施工单位应当以现场为目标区域，根据工程特点及现场环境条件，通过危险源及污染源辨识、风险评价，制定施工现场人员健康与安全应急预案。预案内容应涉及火灾、爆炸、高空坠落、物体打击、触电、机械伤害、坍塌、SARS、新型冠状病毒感染、疟疾、禽流感、霍乱、登革热、鼠疫疾病等，一旦发生上述事件，现场应能果断处理，避免事态扩大和蔓延。

（3）现场管理人员的资格、能力、数量配置等应满足住房和城乡建设部《建筑施工企业安全生产管理机构设置及专职安全生产管理人员配备办法》（建质〔2008〕91 号）、湖南省住房和城乡建设厅《湖南省建筑工程施工项目部和现场监理部关键岗位人员配备管理办法》（湘建建〔2020〕208 号）和有关法律法规、标准规范等的要求。

（4）进入施工现场的从业人员需要提供有效的能证明个人身份的证件或资料，进行实名制登记造册和备案。

（5）施工现场内的食堂应符合我国《食品卫生法》《餐饮业食品卫生管理办法》《食品经营许可管理办法》以及《湖南省食品经营许可审查实施细则（试行）》《湖南省食品经营许可工作规范（试行）》等有关建筑工地食堂卫生要求的规定，申办食品经营许可证。按《湖南省食品经营许可审查实施细则（试行）》第九条“从事接触直接入口食品工作的从业人员应当具有健康证明”。

（6）现场办公和生活区应距离有毒、有害物存放地 50m 以上，因场地限制不能满足要求时应采取隔离措施。

（7）长沙市夏季炎热、冬季阴冷，生活区应采取遮阳、保温隔热、安装空调、冬季供应热水等消暑或保暖措施确保人员健康。

（8）宜分季节、工种、性别等分别确定适宜的工作时间和劳动强度，如高温季节应避开 12:00～15:00 日均最高温时段进行室外作业；女职工不从事单人连续负重量（指每小时负重次数在六次以上）每次超过 20kg，间接负重量每次超过 25kg 的作业，以及女职工应考虑月经、怀孕、哺乳期间禁忌从事的其他劳动等。

（9）长沙市夏季酷暑高温，施工现场作业人员易疲劳、中暑，为切实做好夏季高温时期建筑施工安全生产工作，保证施工现场一线作业人员人身安全和健康，施工现场应完善、落实夏季高温时期的安全生产责任制，要以对一线作业人员生命和健康高度负责的态度，防止高温引发的各类事故。

（10）现场厕所位置及数量满足现行行业标准《施工现场临时建筑物技术规范》JGJ/T 188—2019 的要求。

（11）生活区宜设置淋浴室，淋浴器的设置要求和数量应满足现行行业标准《施工现场临时建筑物技术规范》JGJ/T 188—2019 的要求。

（12）现场的危险设备、危险地段、有毒物品存放地包括但不限于施工现场入口处、施工起重机械、临时用电设施、脚手架、出入通道口、楼梯口、电梯井口、孔洞口、基坑边沿、爆破物及有害危险气体和液体存放处等。

（13）应制定大型机械设备安装和使用安全专项施工方案和管理制度，并在施工中严格执行。

（14）应单独设置危险品库房并加锁，由专人负责管理。

（15）现场食堂使用的燃气罐、燃油桶等纳入危险品目录进行管理，且与明火分开，单独存放。

（16）分阶段对现场劳动力进行统计分析，保留相关记录。

（17）绿色施工应以人为本，在结合工程环境和实际情况下，通过技术进步和工艺改良，降低劳动强度，改善作业环境，提高劳动生产率。

（18）施工现场宜设立医务室，并配备绷带、止血带、颈托、担架等相关急救器材。当工程作业条件危险性较大时，根据实际条件，还宜配备专业医务人员或与当地医疗机构建立联络机制。

（19）智能手段在互联网、大数据时代下，基于物联网、云计算、移动通信等技术，对进入现场的人员进行定位和安全等管理，安全体验馆、智慧工地 App 等。

2）建筑工人实名制进场及生活管理制度

为规范建筑市场秩序，加强建筑工人管理和服务，维护建筑工人和施工企业的合法权益，保障工程质量和安全生产，培育专业型、技能型建筑产业工人队伍，促进建筑业持续健康发展，《中华人民共和国依据建筑法》《中华人民共和国劳动合同法》《湖南省建筑工人实名制管理办法实施细则（试行）》等文件，制定本制度。

项目经理部对建筑工人实名制进场及生活管理等基本信息进行记录、整理、处置、控制。基本信息指项目现场劳务人员的从业信息、劳动权益保障信息、诚信信息等组成。从业信息应包括身份证信息、用工合同、文化程度、工种（专业）、特种作业人员操作证、技能（职称或岗位证书）等级和基本安全培训等信息。劳动权益保障信息应包括劳务人员在项目部的生活与工作信息、进场与退场、居住、考勤、消费、薪酬等。诚信信息应包括诚信评价、良好及不良行为记录等信息。项目部采用门禁系统的办法在项目部实施监督。

项目劳务公司与项目部订立劳务合同后，应向项目部提供劳务人员名册，并与派往项目部的劳务人员签订用工合同。

劳务人员到项目部报到时，应持本人从业信息要求的相关证件，由班组长带领至项目办公室进行劳务信息登记，并填写“进场人员信息登记表”后进行门禁系统登记。由项目劳务员进行“实名制平台”信息录入。

劳务人员以班组为单位凭“进场人员信息登记表”在项目物资部领用劳保用品。

劳务人员中途退场时，劳务班组长向项目办公室报告并办理退场手续，填写“劳务人员退场确认表”。

劳务人员出入工地从闸门口逐一刷脸通过，出入通行中严禁爬越门禁栏杆进出，严禁刷一脸多人使用。

项目工程部施工员、机械员等现场负责人每天对劳务班组作业人员进行实名制考勤，真实记录每天劳务班组作业人员的姓名及人数，并做好记录。

3）劳务人员工资发放公示管理制度

为落实项目劳务人员的工资公示管理，防范项目劳务管理风险，特制定本制度。

劳务班组按合同约定时间向项目工程部提出劳务报酬结算申请。

项目工程部必须与劳务班组进行每月已完作业工程量（含计时工）结算，双方共同核算当月已完工程量和现场零星计时工数量。

项目商务部应及时审核劳务班组已完工程量，按劳务合同约定的分部分项工程单价计价。

项目物资部应核实扣除的材料款、工具费和周转材料租赁费。

质安部应核实工程质量和安全生产文明施工处罚金额。

工程部、办公室应核实工资发放劳务人员的真实信息，明确扣除劳务人员的生活费费用等。

经项目技术负责人审查，项目常务经理、项目经理审批的作业班组劳务报酬结算向项目财务部移交时，劳务班组长应同时向财务部提供劳务班组工资发放表。

项目财务部发放劳务人员工资前必须为劳务人员统一办理工资支付卡。

项目财务部核实扣除劳务班组各项费用和人员借款后，将工资款项发放至劳务人员个人工资卡上。工资发放前，劳务人员应办理领款签认手续。

项目部办公室应在工资发放后三日内在公告栏将工资发放信息张贴公示。

4）员工教育培训制度

为打造最优秀的员工团队，建立学习型企业，增强项目部核心竞争力，适应公司对各类人才的需求，提高全员整体素质与工作能力，改善工作方法，提高工作效率，促进培训工作的专业化、规范化、制度化，特制定本制度。

项目部每月安排四五次培训，在每周四晚上 7:00 进行培训，项目所有管理人员准时参加。

参训人员在培训开始前 10min 到场，主管人员负责监督参训人员签到，培训老师应提前 5min 到场。

参训时要带好笔、笔记本、培训资料等学习工具，并在培训时做好记录。

培训开始时自觉将手机静音或关闭。

培训期间禁止在室内吸烟、交头接耳，不得从事与培训无关的事情。

参训人员要遵守培训时间的规定，不迟到、不早退。到达培训地点后要自觉签到。

需参训人员如因故不能参加培训时，需要向项目经理请假。所有员工无特殊情况应准时参加培训，不得随意请假，每位员工的到课率不得低于 90%，办公室负责做好考勤工作。

每位员工培训时应做好学习笔记，员工对待培训的态度、收获以及讲师的授课水平将直接与月度绩效考核挂钩。

5）疫情防控制度

疫情防控制度为正常状况下的疫情防控制度。应急状况下的疫情防控制度详见《新型冠状病毒预防及应急救援预案》。

（1）进场人员信息登记。

① 人员进场，首先提供健康码、行程码。

② 登记近期行程情况。

③ 人员信息行程台账。

(2) 防疫物资储备。

① 依据防控疫情物资储备清单，做好物资采购工作，确保物资供应。

② 项目部于办公区、生活区设置两个专用垃圾桶和两个专用消毒喷壶，对用过的防护用品进行定点回收消毒。

(3) 环境卫生/消毒管理。

① 生活区和办公区包括办公室、宿舍、食堂、会议室、卫生间等，施工现场包括施工围挡、土方开挖、地下室等工程，均需进行通风和消毒处理。

② 保持施工现场等公共区域的卫生和空气流通。

③ 厨房、餐厅区域设置专人负责每天午饭和晚饭后的通风换气、清洁。

④ 餐具用品须高温消毒。操作间保持清洁干燥，严禁生食和熟食用品混用，避免肉类生食。建议营养配餐，清淡适口。

⑤ 宿舍必须经常保持室内通风，保持环境卫生。

(4) 宣传教育。

① 加强政策宣传。宣传我市疫情防控政策、措施以及集中隔离、健康排查、佩戴口罩等的作用，获得项目人员的配合和支持。

② 纳入疫情防控教训三级教育。疫情防控教育纳入三级教育范围，教育项目人员搞好个人卫生，养成勤洗手等良好习惯。

③ 宣传测温规范、正确佩戴口罩、消毒喷洒作业规范等要求；宣传新型冠状病毒感染知识、个人防护知识、居家防护知识等；落实政府主管部门、公司关于防疫宣传的其他要求。

④ 做好公益宣传。充分利用工地围挡等渠道，加强疫情防控的公益宣传。

⑤ 动员所有人员尽快接种“新冠”疫苗。

6.4.2.2 信息技术应用

1. 基于 BIM 的现场施工管理信息技术

基于 BIM 的现场施工管理信息技术是指利用 BIM 技术，并借助移动互联网技术实现施工现场可视化、虚拟化的协同管理。在施工阶段结合施工工艺及现场管理需求对设计阶段施工图模型进行信息添加、更新和完善，以得到满足施工需求的施工模型。依托标准化项目管理流程，结合移动应用技术，通过基于施工模型的深化设计，以及场布、施工组织、进度、材料、设备、质量、安全、竣工验收等管理应用，实现施工现场信息高效传递和实时共享，提高施工管理水平。

1) 技术内容

(1) 深化设计：基于施工 BIM 模型结合施工操作规范与施工工艺，进行建筑、结构、机电设备等专业的综合碰撞检查，解决各专业碰撞问题，完成施工优化设计，完善施工模型，提升施工各专业的合理性、准确性和可校核性，如图 6-49 所示。

(2) 场布管理：基于施工 BIM 模型对施工各阶段的场地地形、既有设施、周边环境、

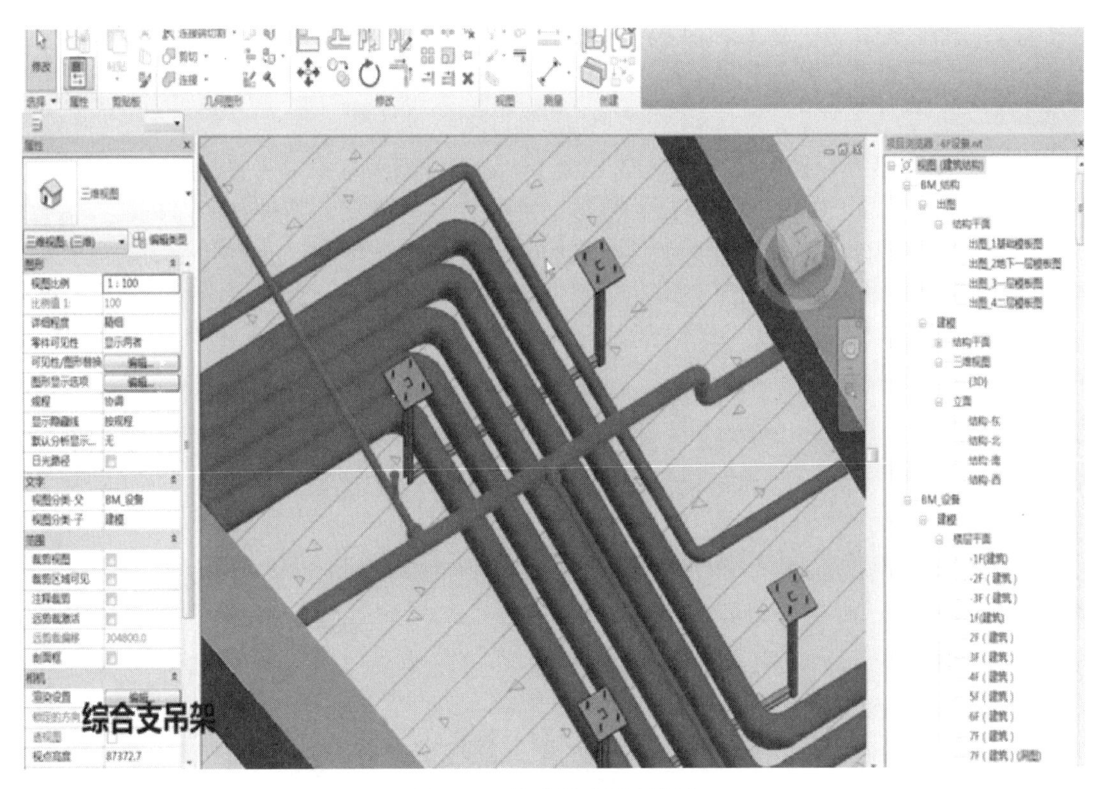

图 6-49　管线综合深化设计

施工区域、临时道路及设施、加工区域、材料堆场、临水临电、施工机械、安全文明施工设施等进行规划布置和分析优化，以实现场地布置科学合理，如图 6-50 所示。

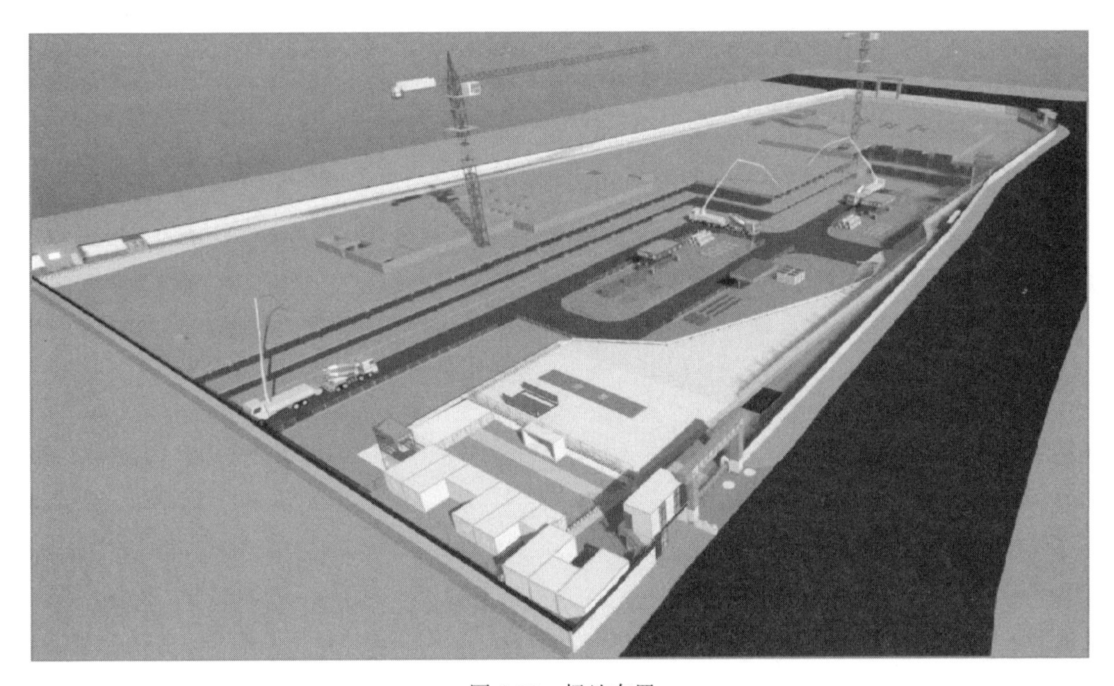

图 6-50　场地布置

(3）施组管理：基于施工 BIM 模型，结合施工工序、工艺等要求，进行施工过程的可视化模拟，并对方案进行分析和优化，提高方案审核的准确性，实现施工方案的可视化交底。

(4）进度管理：基于施工 BIM 模型，通过计划进度模型（湖南省“互联网+智慧工地”平台辅助）和实际进度模型的动态链接，进行计划进度和实际进度的对比，找出差异，分析原因，进度管理直观地实现对项目进度的虚拟控制与优化，如图 6-51 所示。

图 6-51　进度模拟

(5）材料、设备管理：基于施工 BIM 模型，可动态分配各种施工资源和设备，并输出相应的材料、设备需求信息，并与材料、设备实际消耗信息进行比对，实现施工过程中材料、设备的有效控制，如图 6-52 所示。

序号	资源名称	规格型号	施工预算量	需求量	入库量	出库量	退还量	库存
1	承台	混凝土C40	11175.3	11175.3	11500	500		11000
2	承重墙	混凝土C40	5213.06	5213.07	5457	100		5357
3	窗	C1206	17	17	17			17
4	垫层	混凝土C15	9.24	9.24	10	10		0
5	结构梁	混凝土C30	5277.88	5277.80	5400	240		5160
6	结构柱	混凝土C40	2029.42	2029.42	2150	201		1949
7	楼板	混凝土C30	11630.42	11630.43	11802	11805	9450	9447
8	门	M0921	141	141	141	141		0
9	土方回填	粉质黏土	1813.01	1813.01	1900	1900		0

图 6-52　资源管理

（6）质量、安全管理：基于施工 BIM 模型，对工程质量、安全关键控制点进行模拟仿真以及方案优化。利用移动设备对现场工程质量、安全进行检查与验收，实现质量、安全管理的动态跟踪与记录。施工过程中质量、安全动态控制（湖南省“互联网＋智慧工地”平台风险管理模块），如图 6-53 所示。

图 6-53　风险管理

（7）竣工管理：基于施工 BIM 模型，将竣工验收信息添加到模型，并按照竣工要求进行修正，进而形成竣工 BIM 模型，作为竣工资料的重要参考依据。

2）技术指标

（1）运用的 BIM 技术应具备可视化、可模拟、可协调等能力，实现施工模型与施工阶段实际数据的关联，进行建筑、结构、机电设备等各专业在施工阶段的综合碰撞检查、分析和模拟。

（2）采用的 BIM 施工现场管理平台应具备角色管控、分级授权、流程管理、数据管理、模型展示等功能。

（3）通过物联网技术自动采集施工现场实际进度的相关信息，实现与项目计划进度的虚拟比对。

（4）利用移动设备，可即时采集图片、视频信息，并能自动上传到 BIM 施工现场管理平台，责任人员在移动端即时得到整改通知、整改回复的提醒，实现质量管理任务在线分配、处理过程及时跟踪的闭环管理等的要求。

（5）运用 BIM 技术，实现危险源的可视标记、定位、查询分析。安全围栏、标识牌、遮拦网等需要进行安全防护和警示的地方在模型中进行标记，提醒现场施工人员安全施工。

3）使用范围

该工程施工现场平面布置（三维场布）、技术交底、可视化交底、图纸会审、砌体排版等。

2. 基于云计算的电子商务采购技术

基于云计算的电子商务采购技术是指通过云计算技术与电子商务模式的结合，搭建基于云服务的电子商务采购平台（湖南建工集团集中采购履约平台），针对工程项目的采购寻源业务，统一采购资源，实现企业集约化、电子化采购，创新工程采购的商业模式。平台功能主要包括：采购计划管理、互联网采购寻源、供应商管理、采购数据中心等。通过平台应用，可聚合项目采购需求，优化采购流程，提高采购效率，降低工程采购成本，实现阳光采购，提高企业经济效益，如图 6-54 所示。

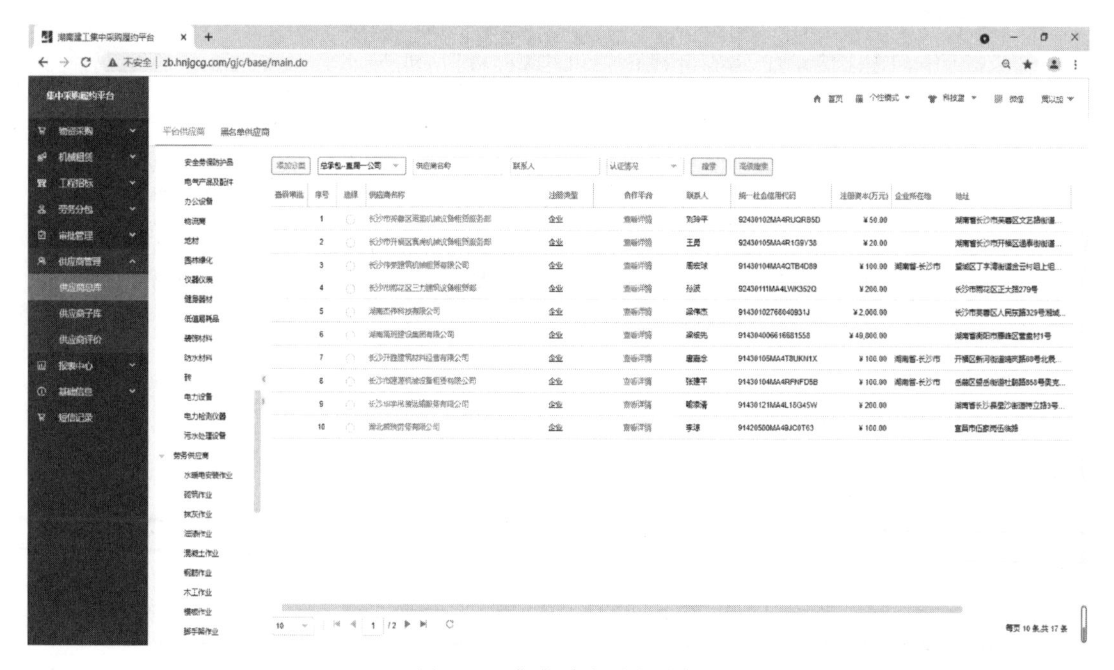

图 6-54　集中采购履约平台

1）技术内容

（1）采购计划管理：系统可根据各项目提交的采购计划，实现自动统计和汇总，下发形成采购任务。

（2）互联网采购寻源：采购方可通过聚合多项目采购需求，自动发布需求公告，并获取多家报价进行优选，供应商可进行在线报名响应。

（3）供应商管理：提供合格供应商的审核和注册功能，并对企业基本信息、产品信息及价格信息进行维护。采购方可根据供货行为对供应商进行评价，形成供应商评价记录。

（4）采购数据中心：提供材料设备基本信息库、市场价格信息库、供应商评价信息库等的查询服务。通过采购业务数据的积累，对以上各信息库进行实时自动更新。

2）技术指标

（1）通过搭建云基础服务平台，实现系统负载均衡、多机互备、数据同步及资源弹性调度等机制。

（2）具备符合要求的安全认证、权限管理等功能，同时提供工作流引擎，实现流程的可配置化及与表单的可集成化。

（3）应提供规范统一的材料设备分类与编码体系、供应商编码体系和供应商评价体系。

（4）可通过统一信用代码校验及手机号码校验，确认企业及用户信息的一致性和真实性。云平台需通过数字签名系统验证用户登录信息，对用户账户信息及投标价格信息进行加密存储，通过系统日志自动记录采购行为，以提高系统安全性及法律保障。

（5）应实现与项目管理系统需求计划、采购合同的对接，以及与企业采购审批流程对接。

3. 基于移动互联网的项目动态管理信息技术

基于移动互联网的项目动态管理信息技术是指综合运用移动互联网技术、全球卫星定位技术、视频监控技术、计算机网络技术，对施工现场的设备调度、计划管理、安全质量监控等环节进行信息即时采集、记录和共享，满足现场多方协同需要，通过数据的整合分析实现项目动态实时管理，规避项目过程各类风险。该工程拟采用湖南省“互联网+智慧工地”平台对项目进行动态管理。

1）技术内容

（1）计划管理。根据施工现场的实际情况，对施工任务进行细化分解，并监控任务进度完成情况，实现工作任务合理在线分配及施工进度的控制与管理。

（2）安全质量管理。利用移动终端设备，对质量、安全巡查中发现的质量问题和安全隐患进行影音数据采集和自动上传，整改通知、整改回复自动推送到责任人员，实现闭环管理。

（3）数据管理。通过信息平台准确生成和汇总施工各阶段工程量、物资消耗等数据，实现数据自动归集、汇总、查询，为成本分析提供及时、准确数据。

（4）对塔式起重机、施工电梯等设备进行安全监控，当超过预警值时实时警报。实现对塔式起重机、施工电梯等设备的实时动态管理。

2）技术指标

（1）应用移动互联网技术，实现在移动端对施工现场设备进行安全、高效的统一调配和管理。

（2）建立协同工作平台，实现多专业数据共享，实现安全质量标准化管理。

（3）具备与其他管理系统进行数据集成共享的功能。

（4）系统应符合《计算机信息系统 安全保护等级划分准则》GB 17859—1999 第二级的保护要求。

4．基于物联网的劳务管理信息技术

基于物联网的劳务管理信息技术是指利用物联网技术，集成各类智能终端设备，对建设项目现场劳务工人实现高效管理的综合信息化系统。系统能够实现实名制管理、考勤管理、安全教育管理、视频监控管理、工资监管、后勤管理以及基于业务的各类统计分析等，提高项目现场劳务用工管理能力、辅助提升政府对劳务用工的监管效率，保障劳务工人与企业利益。该工程拟采用湖南省“互联网＋智慧工地”平台中实名制管理模块实现劳务信息管理。

1）技术内容

（1）实名制管理。实现劳务工人进场实名登记、基础信息采集、通行授权、黑名单鉴别，人员年龄管控、人员合同登记、职业证书登记以及人员退场管理，如图 6-55 所示。

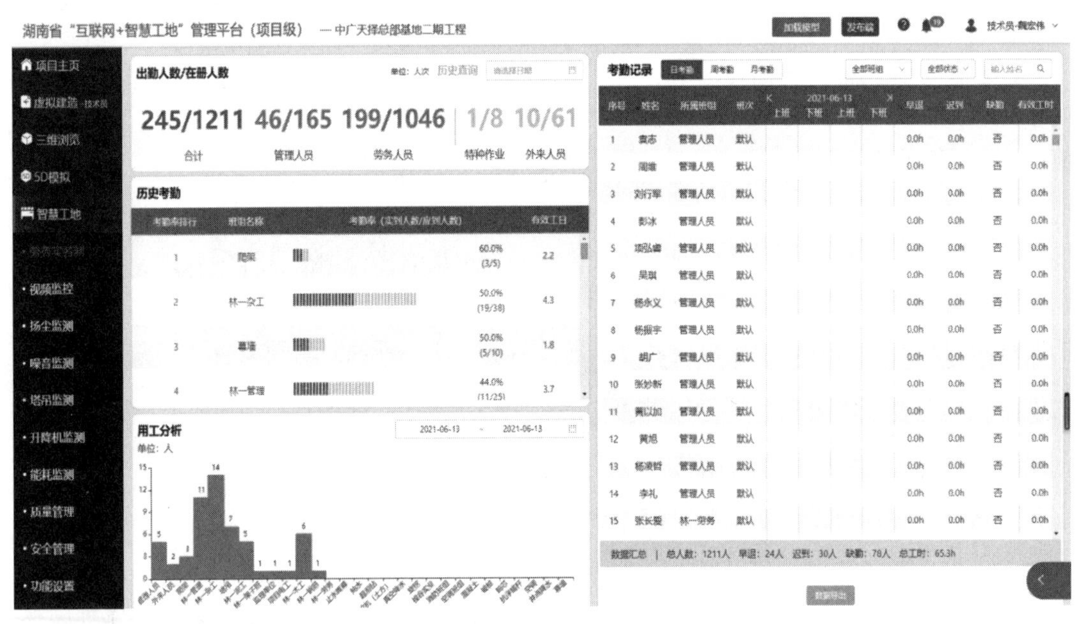

图 6-55 劳务实名制管理

（2）考勤管理。利用物联网终端门禁等设备，对劳务工人进出指定区域通行信息自动采集，统计考勤信息，能够对长期未进场人员进行授权自动失效和再次授权管理，如图 6-56 所示。

（3）视频监控。能够对通行人员人像信息自动采集并与登记信息进行人工比对，能够

图 6-56　人脸识别系统

及时查询采集记录；能实时监控各个通道的人员通行行为，并支持远程监控查看及视频监控资料存储，如图 6-57 所示。

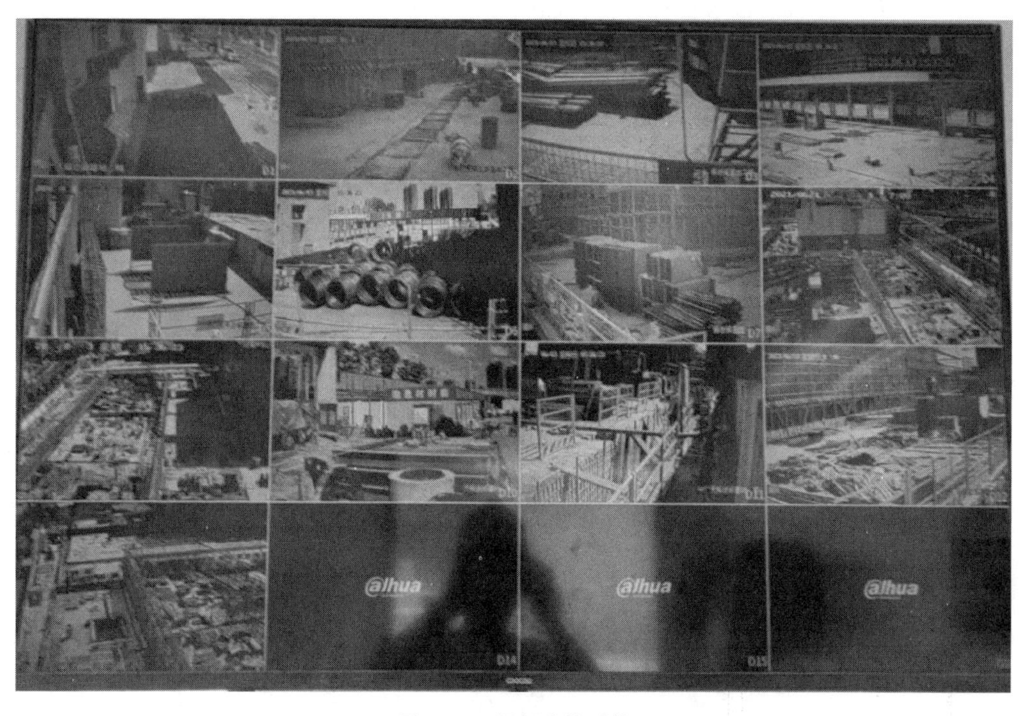

图 6-57　视频监控系统

（4）工资监管。能够记录和存储劳务分包队伍劳务工人工资发放记录，能对接银行系统，实现工资发放流水的监控，保障工资支付到位，如图 6-58 所示。

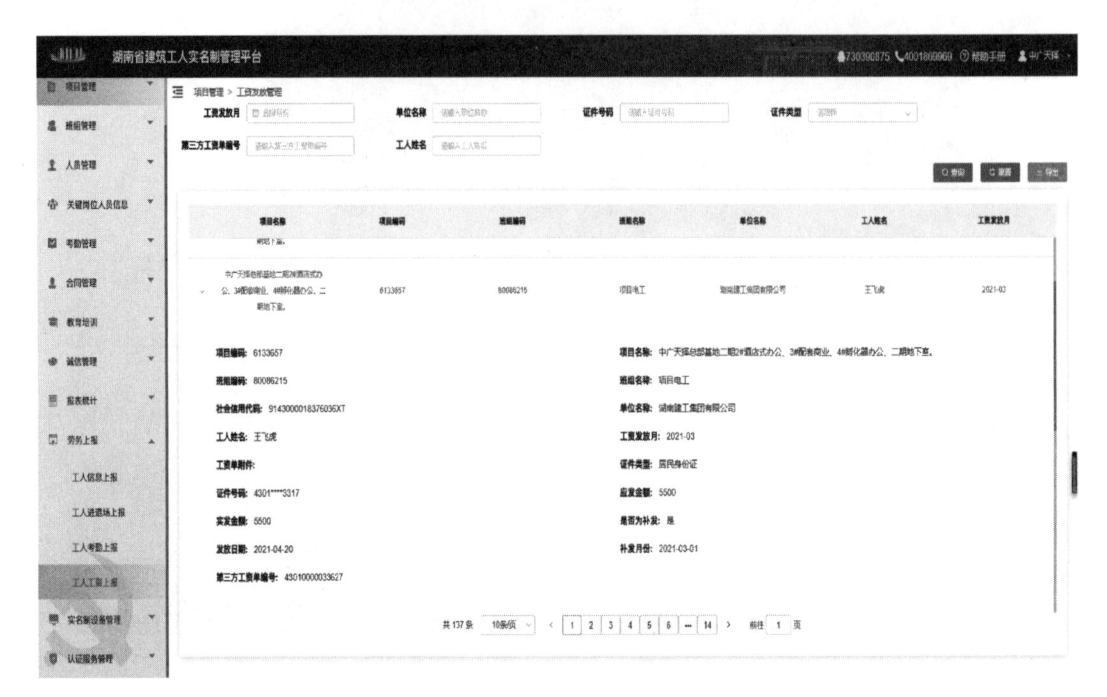

图 6-58　工资监管系统

（5）统计分析。能基于过程记录的基础数据，提供政府标准报表，实现劳务工人地域、年龄、工种、出勤数据等统计分析，如图 6-59 所示。

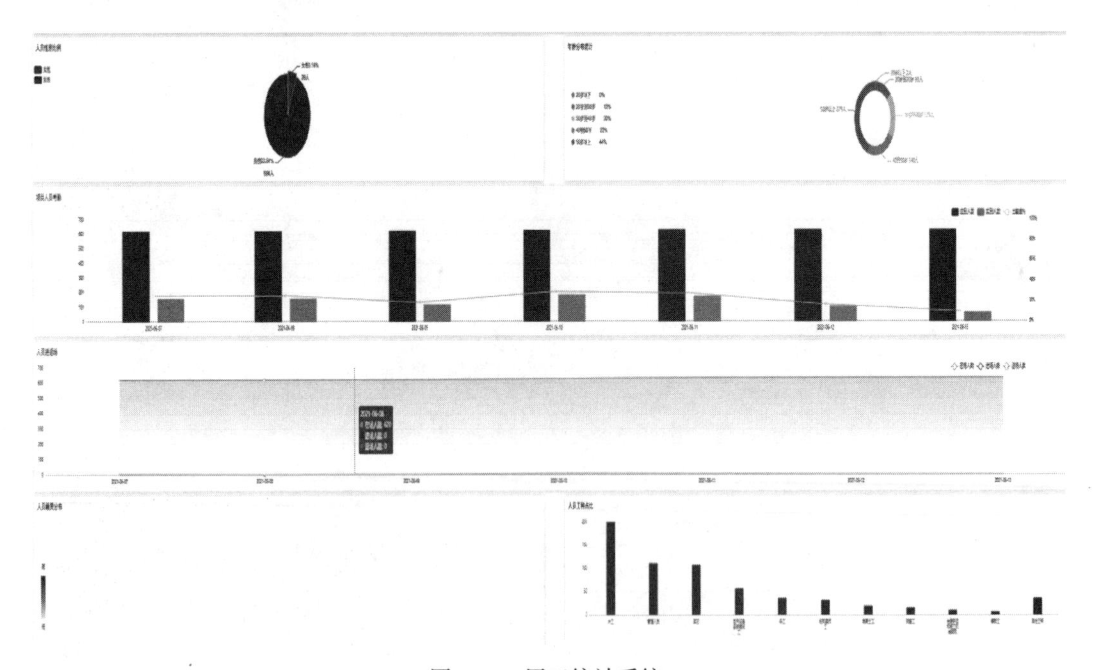

图 6-59　用工统计系统

（6）安全帽监测系统。在实名制通道处设置安全帽佩戴预警系统，对未正确佩戴安全帽的情况进行预警，如图 6-60 所示。

图 6-60　安全帽佩戴预警系统

2）技术指标

（1）应将劳务实名制信息化管理的各类物联网设备进行现场组网运行，并与互联网相连。记录关键岗位、关键人员到岗履职情况。

（2）基于物联网的劳务管理系统，应具备符合要求的安全认证、权限管理、表单定制等功能。

（3）系统应提供与物联网终端设备的数据接口，实现对身份证阅读器、视频监控设备、门禁设备、通行授权设备、工控机等设备的数据采集与控制。

（4）门禁方式采用人脸或虹膜识别闸机门禁。单台人脸或虹膜识别设备最少支持存储 1000 张人脸或虹膜信息；闸机通行不低于 30 人/min。

（5）门禁控制器应能记录进出场人员信息，统计进出场时间，并实时传输到云端服务器；应能支持断网工作，数据可在网络恢复以后及时上传；断电设备无法工作，但已采集记录数据可以保留 30d。

（6）能够进行统一的规则设置，可以实现对人员年龄超龄控制、黑名单管控规则、长期未进场人员控制、未接受安全教育人员控制。

（7）能及时统计项目劳务用工相关数据，企业可以实现多项目的统计分析。

(8) 能够通过移动终端设备实现人员信息查询、安全教育登记、查看统计分析数据、远程视频监控等实时应用。

(9) 具备与其他管理系统进行数据集成共享的功能。

6.4.2.3 绿色施工亮点

工程的创建目标还包括确保《建筑业 10 项新技术(2017 版)》应用示范工程，在实施过程中，将很好地将新技术应用与绿色施工结合起来，通过绿色施工的创建，寻找更多的适合该工程的施工新技术、新设备、新材料和新工艺。

1. 封闭降水及水收集综合利用技术

1) 基坑施工封闭降水技术

基坑封闭降水是指在坑底和基坑侧壁采用截水措施，在基坑周边形成止水帷幕，阻截基坑侧壁及基坑底面的地下水流入基坑，在基坑降水过程中对基坑以外地下水位不产生影响的降水方法；基坑施工时应按需降水或隔离水源。

该工程采用护坡桩+旋喷桩止水帷幕的地下水封闭措施。

2) 施工现场水收集综合利用技术

该工程采用的施工现场水收集综合利用技术包括基坑施工降水回收利用技术、雨水回收利用技术、现场生产和生活废水回收利用技术，如图 6-61 所示。

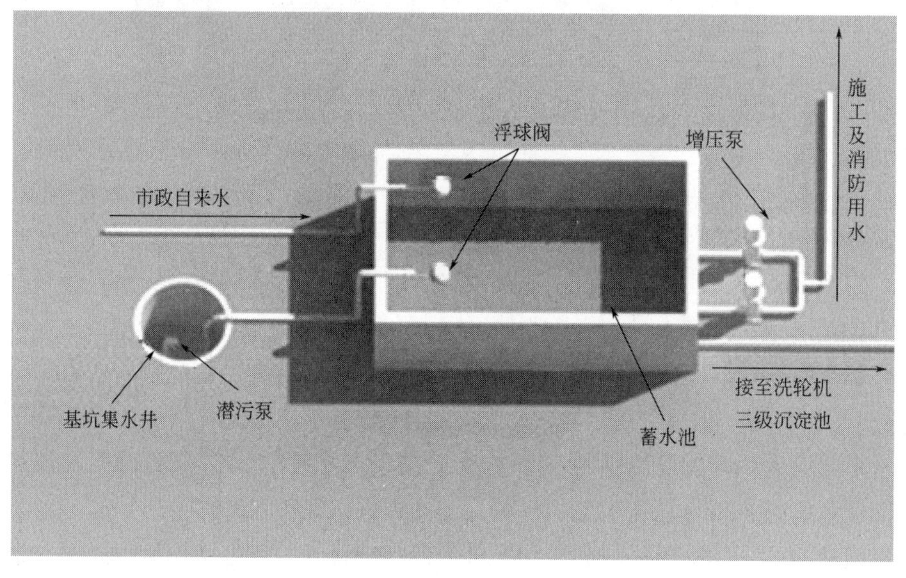

图 6-61 基坑降水再利用收集处理系统示意图

(1) 基坑施工降水回收利用技术，在该工程中是将降水所抽水体集中存放施工时再利用。

(2) 雨水回收利用技术是指在施工现场中将雨水收集后，经过雨水渗蓄、沉淀等处理，集中存放再利用。回收水可直接用于冲刷厕所、施工现场洗车及现场洒水控制扬尘。

(3) 现场生产和生活废水利用技术是指将施工生产和生活废水经过过滤、沉淀或净化等处理达标后再利用。

经过处理或水质达到要求的水体可作为绿化、结构养护用水以及混凝土试块养护用水等。

2. 建筑垃圾减量化与资源化利用技术

建筑垃圾减量化是指在施工过程中采用绿色施工新技术、精细化施工和标准化施工等措施，减少建筑垃圾排放；建筑垃圾资源化利用是指建筑垃圾就近处置、回收直接利用或加工处理后再利用。对于建筑垃圾减量化与建筑垃圾资源化利用的主要措施为：实施建筑垃圾分类收集、分类堆放；碎石类、粉类的建筑垃圾进行级配后用作基坑肥槽、路基的回填材料。

可回收的建筑垃圾主要有散落的砂浆和混凝土、剔凿产生的砖石和混凝土碎块、打桩截下的钢筋混凝土桩头、砌块碎块，废旧木材、钢筋余料、塑料等。

该工程拟采用现场垃圾减量与资源化的主要技术有：

(1) 对钢筋采用优化下料技术，提高钢筋利用率；对钢筋余料采用再利用技术，如将钢筋余料用于加工马蹬筋、预埋件与安全围栏等。

(2) 应用BIM技术对模板的使用应进行优化拼接，减少裁剪量；对木模板应通过合理的设计和加工制作提高重复使用率的技术；对短木方采用指接接长技术，提高木方利用率。

(3) 对混凝土浇筑施工中的混凝土余料做好回收利用，用于制作小过梁、混凝土砖等。

(4) 应用BIM技术对二次结构的加气混凝土砌块隔墙施工中，做好加气块的排块设计，减少工地加气混凝土砌块的废料。

3. 空气能热水技术

空气能热水技术是运用热泵工作原理，吸收空气中的低能热量，经过中间介质的热交换，压缩成高温气体，通过管道循环系统对水加热的技术。空气能热水器是采用制冷原理，从空气中吸收热量来加热水的“热量搬运”装置，把一种沸点为－10℃以上的制冷剂通到交换机中，制冷剂通过蒸发由液态变成气态从空气中吸收热量。再经过压缩机加压做工，制冷剂的温度就能骤升至80～120℃。具有高效节能的特点，比常规电热水器的热效率高380％～600％，制造相同的热水量，比电辅助太阳能热水器利用能效高，耗电只有电热水器的1/4。

该工程办公区、生活区拟采用空气能热水器。

4. 施工现场扬尘控制技术

包括施工现场道路、塔式起重机、脚手架等部位自动喷淋降尘和雾炮降尘技术、施工现场车辆自动冲洗技术。

(1) 自动喷淋降尘系统由蓄水系统、自动控制系统、语音报警系统、变频水泵、主管、三通阀、支管、微雾喷头连接而成，主要安装在临时施工道路、脚手架上。

塔式起重机自动喷淋降尘系统是指在塔式起重机安装完成后通过塔式起重机旋转臂安装的喷水设施，用于塔臂覆盖范围内的降尘、混凝土养护等。喷淋系统由加压泵、塔式起重机、喷淋主管、万向旋转接头、喷淋头、卡扣、扬尘监测设备、视频监控设备等组成。

（2）雾炮降尘系统主要有电机、高压风机、水平旋转装置、仰角控制装置、导流筒、雾化喷嘴、高压泵、储水箱等装置，其特点为风力强劲、射程高（远）、穿透性好，可以实现精量喷雾，雾粒细小，能快速将尘埃抑制降沉，工作效率高、速度快，覆盖面积大。

（3）施工现场车辆自动冲洗系统由供水系统、循环用水处理系统、冲洗系统、承重系统、自动控制系统组成。采用红外、位置传感器启动自动清洗及运行指示的智能化控制技术。水池采用四级沉淀、分离，处理水质，确保水循环使用；清洗系统由冲洗槽、两侧挡板、高压喷嘴装置、控制装置和沉淀循环水池组成；喷嘴沿多个方向布置，无死角。

5. 施工噪声控制技术

施工噪声控制技术是指通过选用低噪声设备、先进施工工艺或采用隔声罩等措施有效降低施工现场及施工过程噪声的控制技术。

（1）隔声罩可把噪声较大的机械设备（搅拌机、混凝土输送泵、电锯等）封闭起来，有效地阻隔噪声的外传。隔声罩外壳由一层不透气的具有一定重量和刚性的金属材料制成，一般用 2～3mm 厚的钢板，铺上一层阻尼层，阻尼层常用沥青阻尼胶浸透的纤维织物或纤维材料，外壳也可以用木板或塑料板制作，轻型隔声结构可用铝板制作。要求高的隔声罩可做成双层壳，内层较外层薄一些；两层的间距一般是 6～10mm，填以多孔吸声材料。罩的内侧附加吸声材料，以吸收声音并减弱空腔内的噪声。要减少罩内混响声和防止固体声的传递；尽可能减少在罩壁上开孔，对于必需开孔的，开口面积应尽量小；在罩壁的构件相接处的缝隙要采取密封措施，以减少漏声；由于罩内声源机器设备的散热可能导致罩内温度升高，对此应采取适当的通风散热措施。要考虑声源机器设备操作、维修方便的要求。

（2）应设置封闭的木工用房，以有效降低电锯加工时噪声对施工现场的影响。

（3）施工现场应优先选用低噪声机械设备，优先选用能够减少或避免噪声的先进施工工艺。

6. 绿色施工在线监测评价技术

绿色施工在线监测及量化评价技术是根据绿色施工评价标准，通过在施工现场安装智能仪表并借助 GPRS 通信和计算机软件技术，随时随地以数字化的方式对施工现场能耗、水耗、施工噪声、施工扬尘、大型施工设备安全运行状况等各项绿色施工指标数据进行实时监测、记录、统计、分析、评价和预警的监测系统和评价体系。

绿色施工涉及管理、技术、材料、工艺、装备等多个方面。根据绿色施工现场的特点以及施工流程，在确保施工各项目都能得到监测的前提下，绿色施工监测内容应尽可能全面，用最小的成本获得最大限度的绿色施工数据，绿色施工在线监测对象应包括但不限于图 6-62 所示内容。

监测及量化评价系统构成以传感器为监测基础，以无线数据传输技术为通信手段，包括现场监测子系统、数据中心和数据分析处理子系统。现场监测子系统由分布在各个监测点的智能传感器和 HCC 可编程通信处理器组成监测节点，利用无线通信方式进行数据的转发和传输，达到实时监测施工用电、用水、施工产生的噪声和粉尘、风速风向等数据。数据中心负责接收数据和初步的处理、存储，数据分析处理子系统则将初步处理的数据进

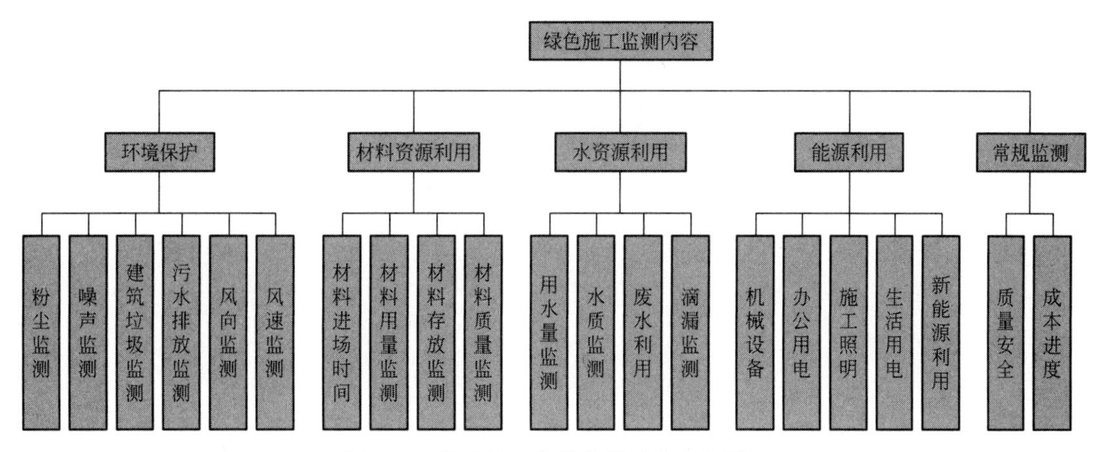

图 6-62　绿色施工在线监测对象内容框架

行量化评价和预警，并依据授权发布处理数据。

工程拟接入“智慧工地”协同管理平台。

7. 工具式定型化临时设施技术

该工程拟采用工具式定型化临时设施，包括标准化箱式房、定型化临边洞口防护、加工棚，构件化 PVC 绿色围墙、预制装配式马道、可重复使用临时道路板等。

（1）标准化箱式施工现场用房有办公室用房，包括会议室、接待室、资料室、活动室、阅读室、卫生间；标准化箱式附属用房，包括食堂、门卫房、设备房、试验用房。以上用房按照标准尺寸和符合要求的材质制作和使用，如图 6-63 所示。

（2）定型化临边洞口防护、加工棚。定型化、可周转的电梯口临边防护，可选用网片式、格栅式，如图 6-64 所示。

可周转定型化加工棚基础尺寸采用 C30 混凝土浇筑，预埋 400mm×400mm×12mm 钢板，钢板下部焊接 ϕ20mm 钢筋，并塞焊 8 个 M18 螺栓固定立柱。立柱采用 200mm×200mm 型钢，立杆上部焊接 500mm×200mm×10mm 的钢板，以 M12 的螺栓连接桁架主梁，下部焊接 400mm×400mm×10mm 钢板。斜撑为 100mm×50mm 方钢，斜撑的两端焊接 150mm×200mm×10mm 的钢板，以 M12 的螺栓连接桁架主梁和立柱，如图 6-65 所示。

（3）预制装配式马道。立杆采用 100mm×5.0mm 方钢，立杆连接采用螺栓连接，立杆预埋件采用同型号方钢，锚固入筏板混凝土深度 500mm，外露长度 500mm。立杆除埋入筏板的埋件部分，上层区域杆件在马道整体拆除时均可回收。马道楼梯梯段侧向主龙骨采用 16a 号热轧槽钢，梯段长度根据地下室楼层高度确定，每主体结构层高度内两跑楼梯，并保证楼板所在平面的休息平台高于楼板 200mm。踏步、休息平台、安全通道顶棚覆盖采用 3mm 花纹钢板，踏步宽 250mm，高 200mm，楼梯扶手立杆采用 30mm×30mm×3mm 方钢管（与梯段主龙骨螺栓连接），扶手采用 50mm×50mm×3mm 方钢管，扶手高度 1200mm，梯段与休息平台固定采用螺栓连接，梯段与休息平台随主体结构完成逐步拆除，如图 6-66 所示。

项目		几何尺寸/mm	
		型式一	型式二
箱体	外	$L6055 \times W2435 \times H2896$	$L6055 \times W2990 \times H2896$
	内	$L5840 \times W2225 \times H2540$	$L5840 \times W2780 \times H2540$
窗		$H \geqslant 1100$ $W650 \times H1100/W1500 \times H1100$	
门		$H \geqslant 2000$ $W \geqslant 850$	
框架梁高	顶	$H \geqslant 180$(钢板厚度≥4)	
	底	$H \geqslant 140$(钢板厚度≥4)	

(a)

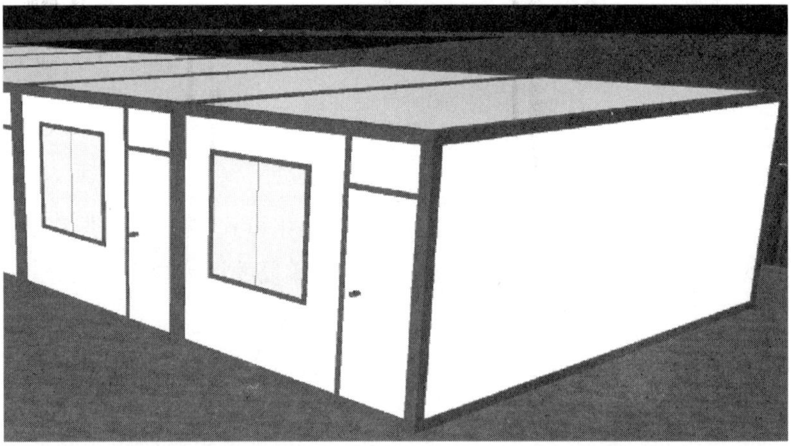

(b)

图 6-63　标准化箱式房几何尺寸（建议尺寸）

图 6-64　电梯口临边防护

图 6-65　定型化加工棚

图 6-66　定型化安全通道

8. 绿色施工的经济、社会、环境统计分析

绿色施工效益量化统计表见表 6-18。

绿色施工效益量化统计表 **表 6-18**

<table>
<tr><th>主要指标</th><th>目标值</th><th colspan="2">实际值</th></tr>
<tr><td rowspan="2">实施绿色施工的增加成本</td><td rowspan="2">200 万元</td><td rowspan="2">×××万元</td><td>一次性损耗成本为×××万元</td></tr>
<tr><td>可多次使用成本为×××万元(折旧计算)</td></tr>
<tr><td rowspan="6">实施绿色施工的节约成本</td><td rowspan="6">600 万元</td><td rowspan="6">×××万元</td><td>环境保护措施节约成本为×××万元</td></tr>
<tr><td>节材措施节约成本为×××万元</td></tr>
<tr><td>节水措施节约成本为×××万元</td></tr>
<tr><td>节能措施节约成本为×××万元</td></tr>
<tr><td>节地措施节约成本为×××万元</td></tr>
<tr><td>人员健康与安全管理节约成本为×××万元</td></tr>
<tr><td>综合成本和节约的绿色施工经济增长值</td><td>400 万元,占总产值比例为 0.67%</td><td colspan="2">×××万元,占总产值比例为×××%</td></tr>
<tr><td>绿色施工的社会效益</td><td colspan="3">提高从业人员从业健康,增加就业岗位,节约资源,为打赢“蓝天保卫战”做出应有的贡献</td></tr>
<tr><td>绿色施工的环境效益</td><td colspan="3">为从业人员营造了良好的工作环境,创建工地“小生态”,大幅度减少了项目对周边环境的污染</td></tr>
</table>

6.4.2.4 绿色施工阶段碳排放计算

1. 一般规定

(1) 建筑建造阶段的碳排放应包括分部分项工程施工产生的碳排放和各项措施项目实施过程产生的碳排放。

(2) 建筑建造阶段的碳排放的计算边界应符合下列规定。

① 建造阶段碳排放计算时间边界应从项目开工起至项目竣工验收止。

② 建筑施工场地区域内的机械设备、小型机具、临时设施等使用过程中消耗的能源产生的碳排放应计入。

③ 现场搅拌的混凝土和砂浆、现场制作的构件和部品，其产生的碳排放应计入。

④ 建造阶段使用的办公用房、生活用房和材料库房等临时设施的施工和拆除可不计入。

2. 建筑建造

(1) 建筑建造阶段的碳排放量计算。

$$C_{jz}=\frac{\sum_{i=1}^{n}E_{jz,\ i}EF_i}{A}$$

式中：C_{jz}——建筑建造阶段单位建筑面积的碳排放量，$kgCO_2/m^2$；

$E_{jz,i}$——建筑建造阶段第 i 种能源总用量，kW·h 或 kg；

EF_i——第 i 种能源的碳排放因子，$kgCO_2/kW\cdot h$ 或 $kgCO_2/kg$，按本标准附录 A 确定；

A——建筑面积，m^2。

（2）建造阶段的能源总用量宜采用施工工序能耗估算法计算。

（3）施工工序能耗估算法的能源用量计算。

$$E_{jz}=E_{fx}+E_{cs}$$

式中：E_{jz}——建筑建造阶段总能源用量，kW·h 或 kg；

E_{fx}——分部分项工程总能源用量，kW·h 或 kg；

E_{fx}——措施项目总能源用量，kW·h 或 kg。

（4）分部分项工程能源用量计算

$$E_{fx}=\sum_{i=1}^{n}Q_{fx,i}f_{fx,i}$$

$$f_{fx,i}=\sum_{j=1}^{m}T_{i,j}R_{j}+E_{jj,i}$$

式中：$Q_{fx,i}$——分部分项工程中第 i 个项目的工程量；

$f_{fx,i}$——分部分项工程中第 i 个项目的能耗系数，kW·h/工程量计量单位；

$T_{i,j}$——第 i 个项目单位工程量第 j 种施工机械台班消耗量，台班；

R_{j}——第 i 个项目第 j 种施工机械单位台班的能源用量，kW·h/台班，按相关标准确定，当有经验数据时，可按经验数据确定；

$E_{jj,i}$——第 i 个项目中，小型施工机具不列入机械台班消耗量，但其消耗的能源列入材料的部分能源用量，kW·h；

i——分部分项工程中项目序号；

j——施工机械序号。

（5）措施项目的能源消耗计算应符合下列规定。

① 脚手架、模板及支架、垂直运输、建筑物超高等可计算工程量的措施项目，其消耗应按下列公式计算。

$$E_{cs}=\sum_{i=1}^{n}Q_{cs,i}f_{cs,i}$$

$$f_{cs,i}=\sum_{j=1}^{m}T_{A-i,j}R_{j}$$

式中：$Q_{cs,i}$——措施项目中第 i 个项目的工程量；

$f_{cs,i}$——措施项目中第 i 个项目的能耗系数，kW·h/工程量计量单位；

$T_{A-i,j}$——第 i 个措施项目单位工程量第 j 种施工机械台班消耗量，台班；

R_{j}——第 i 个项目第 j 种施工机械单位台班的能源用量，kW·h/台班，数据按相关标准确定；

i——措施项目序号；

j——施工机械序号。

② 施工降排水应包括成井和使用两个阶段，其能源消耗应根据项目降水专项方案计算。

③ 施工临时设施消耗的能源应根据施工企业编制的临时设施布置方案和工期计算确定。

6.5 第五部分 项目交付阶段实施方案

6.5.1 检测内容

6.5.1.1 综合效能调试

通过对建筑设备系统的调试验证、性能测试验证、季节性工况验证和综合效果验收，使系统满足不同负荷工况和用户使用的需求。

（1）综合效能调适应包括现场检查、平衡调试验证、设备性能测试及自控功能验证、系统联合运转、综合效果验收等过程。

（2）平衡调试验证阶段应进行空调风系统与水系统平衡验证，平衡合格标准应符合现行标准《建筑节能工程施工质量验收标准》GB 50411—2019 及《湖南省建筑节能工程施工质量验收标准》DBJ 43/T 202—2019 的有关规定。

（3）自控系统的控制功能应工作正常，符合设计要求。

（4）主要设备实际性能测试与名义性能相差较大时，应分析其原因，并应进行整改。

（5）综合效果验收应包括建筑设备系统运行状态及运行效果的验收，使系统满足不同负荷工况和用户使用的需求。

（6）综合效能调适报告应包含施工质量检查报告，风系统、水系统平衡验证报告，自控验证报告，系统联合运转报告，综合效能调适过程中发现的问题日志及解决方案。

6.5.1.2 建筑能效测评

（1）进行建筑能效测评的工程，建筑能效测评应作为建筑节能分部工程的子分部工程进行验收。建筑能效测评在建筑节能分部工程中其他各分项工程验收合格后，建筑物工程竣工之前进行。

（2）建筑能效测评应由经国家和省级住房和城乡建设主管部门认定的建筑能效测评机构进行。

（3）建筑能效测评应以单栋建筑物为对象。

（4）建筑能效测评应按现行行业标准《建筑能效标识技术标准》JGJ/T 288—2012 进行。《建筑能效标识技术标准》JGJ/T 288—2012 中引用的建筑节能设计标准按能效测评建筑施工图设计文件所依据的建筑节能设计标准执行。

（5）建筑能效测评时，应将与该建筑物用能系统相连的管网和能热源设备包括在测评范围内，并应在对相关文件资料、构配件性能报告审查、现场检查及性能检测的基础上，结合全年建筑能耗计算结构进行测评。采用建筑能耗计算软件应满足住房和城乡建设主管部门的认定备案要求。

（6）建筑能效测评验收合格标准应满足工程所在地住房和城乡建设主管部门的管理文件要求或现行行业标准《建筑能效标识技术标准》JGJ/T 288—2012 规定的建筑能效测评一星级要求。

（7）建筑能效测评范围。《湖南省民用建筑节能条例》（2019 年 11 月 27 日湖南省第十一届人民代表大会常务委员会第十一次会议通过）第三十二条规定：新建和实施节能改造的国家机关办公建筑、大型公共建筑和建筑节能示范工程、绿色建筑示范工程，应当按照国家有关规定进行能源利用效率测评和标识，并将测评结果予以公示，接受社会监督。

住房和城乡建设部《民用建筑能效测评标识管理暂行办法》（建科〔2008〕80 号）第四条规定：新建（改建、扩建）国家机关办公建筑和大型公共建筑（单体建筑面积 2 万 m^2 以上的）、实施节能综合改造并申请财政支持的国家机关办公建筑和大型公共建筑、申请国家级或省级节能示范工程的建筑以及申请绿色建筑评价标识的建筑应进行建筑能效测评标识。

《湖南省可再生能源建筑应用示范地区管理办法》（财建〔2011〕63 号）第十三条规定：示范地区住房和城乡建设部门应按照《关于加快开展可再生能源建筑应用示范项目验收评估工作的通知》（财办建〔2009〕116 号）要求，委托省级能效测评机构对示范项目进行能效测评，并组织示范项目验收。

（8）《建筑能效标识技术标准》JGJ/T 288—2012 规定：建筑能效测评标识分为建筑能效测评和建筑能效实测评估两个阶段。建筑能效测评过程中需要将围护结构热工性能参数（依据相关材料、部品的进场复验报告取值）以及用能系统节能性能等检测结果，输入专门的能效测评软件计算相对节能率 η。需要说明的是，能效测评中相对节能率与现行建筑节能设计标准对应的节能率无关，其计算有别于设计过程中的建筑节能率计算。

（9）建筑能效测评应尽可能利用已有文件资料及测试报告，避免重复监测。同时注重建筑能耗理论计算与实际效果的结合。建筑能耗计算分析结果是建筑能效测评的主要依据。

（10）建筑能效测评时采用的资料应真实、完整、有效，主要包括：

① 土地使用证、立项批复文件、规划许可证、施工许可证等项目立项、审批文件。

② 建筑施工设计文件审查报告及审查意见。

③ 全套竣工图纸。

④ 与建筑节能相关的设备、材料和构配件的产品合格证。

⑤ 由国家认可的检测机构出具的围护结构热工性能及产品节能性能检测报告。当无国家认可检测机构出具的检测报告时，宜进行性能检查。对于提供建筑门窗节能性能标识证书和标签的门窗，可不提供检测报告。

⑥ 节能工程及隐蔽工程施工质量检查记录和验收报告。

⑦ 节能环保新技术的应用情况报告。

（11）建筑能效测评达不到合格标准的，应整改后重新申请建筑能效测评。

6.5.1.3　绿色建造目标证明材料

（1）省级绿色施工示范工程证明文件。

（2）建筑垃圾减量化证明文件及计算书。

（3）绿色建材使用率证明文件及计算书。

6.5.1.4 全寿命周期碳排放量计算

（1）全寿命周期碳排放包括：建材生产及运输阶段碳排放、施工阶段碳排放、运行阶段碳排放。

（2）建材生产及运输阶段碳排放计算。

$$C_{jc}=\frac{C_{sc}+C_{ys}}{A}$$

式中：C_{jc}——建材生产及运输阶段单位面积的碳排放量，$kgCO_2e/m^2$；

C_{sc}——建材生产阶段碳排放，$kgCO_2e$；

A——建筑面积，m^2。

（3）施工阶段碳排放计算。

具体详见 6.4.2.4 节。

（4）运行阶段碳排放计算。

$$C_M=\frac{\left[\sum_{i=1}^{n}(E_iEF_i)-C_p\right]\cdot y}{A}$$

$$E_i=\sum_{j=1}^{n}(E_{i,j}-ER_{i,j})$$

C_M——建筑运行阶段单位建筑面积碳排放量，$kgCO_2/m^2$；

E_i——建筑第 i 类能源年消耗量，单位/a；

EF_i——第 i 类能源的碳排放因子，按相关标准取值；

$E_{i,j}$——j 类系统的第 i 类能源消耗量，单位/a；

$ER_{i,j}$——j 类系统消耗由可再生能源系统提供的第 i 类能源量，单位/a；

i——建筑消耗终端能源类型，包括电力、燃气、事由、市政热力等；

j——建筑用能系统类型，包括供暖空调、照明、生活热水系统等；

C_p——建筑绿地碳汇系统年减碳量，$kgCO_2/a$；

y——建筑设计寿命，a；

A——建筑面积，m^2。

6.5.2 交付内容

6.5.2.1 建筑使用说明书

1. 工程建设概况

工程建设概况包括：工程项目名称、总建筑面积、总使用面积、建筑高度、层高、建筑抗震设防烈度；结构形式、建筑设计单位、工程施工单位、装修施工单位、消防施工单位、工程监理单位、开工时间、竣工时间等。

2. 建筑结构

建筑结构包括建筑结构各分部分项工程基本情况、使用维护注意事项。

3. 设施与设备

设施与设备主要包括系统的组成和功能，介绍主要设备、使用注意事项等。

4. 工程质量保修

（1）工程质量保修范围。

（2）不属于工程质量保修范围的情况。

（3）工程质量保修期限。

（4）工程质量保修程序。

（5）其他情况。

5. 附件

（1）施工单位及供货厂商联系单。

（2）建设单位管理人员联系单。

6.5.2.2　建筑各分部分项的设计、施工、检测技术资料

1. 设计技术资料

（1）设计图纸。

（2）设计变更文件。

（3）设计交底文件。

（4）其他文件。

2. 施工技术资料

（1）项目技术部负责施工组织设计及专项施工方案的编制工作，施工组织总设计、单位工程施工组织设计、专项施工方案应有符合规定的审批手续，报项目监理单位批准后实施。

① 施工组织设计是指导施工准备和组织施工的全面性技术、经济文件。合理编制并认真贯彻执行施工组织设计是保证施工顺利进行、确保工程质量及企业经济效益的重要条件。

② 施工组织设计的编制及格式应严格按照《湖南建工集团有限公司施工组织设计BIM化会审办法（试行）》（湘建司技字〔2018〕4号）进行编制、审批管理。

③ 为与交工资料统一，施工组织设计（专项方案）采用A4纸打印装订。施工组织设计（专项方案）的内容应完整，编写单位及编写人员签字应齐全，应按要求报上级有关单位审批并有审批文件，审批单位及人员应签字齐全；施工组织设计（专项方案）应报送监理单位、建设单位审查批准，作为施工中检查、验收及组织施工的依据，作为竣工结算的依据文件，归档的施工组织设计（专项方案）必须有监理单位和建设单位的签字盖章和负责审查批准人员签署的意见。

（2）对于超过一定规模的危险性较大的分部分项工程，集团公司应当组织召开专家论证会对专项施工方案进行论证。专家论证前专项施工方案应当通过集团公司审核和总监理工程师审查。

（3）专家论证会后，应当形成论证报告，对专项施工方案提出通过、修改后通过或者

不通过的一致意见。专家对论证报告负责并签字确认。

专项施工方案经论证需修改后通过的，公司项目部应当根据论证报告修改完善后，重新由集团公司审核签字、加盖单位公章，并由总监理工程师审查签字、加盖执业印章后方可实施。

专项施工方案经论证不通过的，公司项目部修改后应当按照本规定的要求重新组织专家论证。

（4）项目技术部负责图纸会审记录的形成，技术部及商务部负责设计变更通知单、技术核定、洽谈商记录的形成。

① 施工图纸会审记录是图纸会审会议所做决定和变更设计的纪要。它是施工图纸的补充文件，是工程施工的依据之一。

② 凡属重大设计变更，应由建设、监理、设计、公司项目部共同洽商，由设计单位修改的应签发“设计变更通知单”；由公司项目部提出的技术核订单，应经技术负责人签字后，交设计或建设（监理）单位认可后执行，凡属重大技术核定，应由设计单位认可签字同意，一般技术核订单由建设（监理）单位认可签字即可执行。

③ 设计变更、技术核订单、图纸会审记录、洽商记录必须按规定盖章，签字齐全，作为有效文件归档。

④ 设计交底与图纸会审记录应按专业汇总整理，有关各方签字确认。

（5）项目工程部负责施工技术交底的编制及现场交底工作。

① 建筑工程技术交底是保证工程施工符合设计要求和规范、质量标准和操作工艺标准规定，用以具体指导施工活动的操作性技术文件，应分级编制、落实并实施。

② 技术交底应包括施工组织总设计交底、单位工程施工组织设计交底和专项施工方案技术交底、施工作业交底、“四新”（新材料、新产品、新技术、新工艺）技术交底和设计变更技术交底等。各项交底应有文字记录，交底双方签字确认应齐全。

③ 交底的内容包括质量要求和目标、施工部位、工艺流程及标准、验收标准、使用的材料、施工机具、环境要求、进度规定及操作要点。

（6）“四新”技术主要是指在行业内采用新技术、新工艺、新材料、新设备的技术。“四新”技术应用应经专家论证并形成论证意见。

3. 检测技术资料

（1）项目物资部及材料员、试验员负责现场试验记录及检测报告的收集与整理，主要检测报告有：锚杆试验报告、地基承载力检验报告、桩基检测报告、土工击实试验报告、回填土试验报告（应附图）、钢筋机械连接工艺评定及试验报告、钢筋焊接连接工艺评定及试验报告、砂浆抗压强度试验报告、混凝土抗压强度试验报告、混凝土抗渗试验报告、钢筋保护层厚度及混凝土实体检测报告、外墙饰面砖样板粘结强度试验报告、后置埋件抗拔试验报告、超声波探伤报告、探伤记录、钢构件射线探伤报告、磁粉探伤报告、高强度螺栓抗滑移系数检测报告、钢结构焊接工艺评定、防火、防腐涂料合格证及复试报告、钢结构防腐、防火涂料厚度检测报告、幕墙硅酮结构胶相容性和剥离试验报告、石材幕墙抗冻融和弯折强度检验、金属幕墙剥离强度检测报告、幕墙的抗风压性能、空气渗透性能、雨水渗透性能及平面内变形性能检测报告、外门窗的抗风压、空气渗透性能和雨水渗透性能检测报告及外窗气密性实体检测报告、墙体节能工程保温板材与基层粘结强度现场拉拔试验、外墙保温浆料同条件养护试件试验报告、围护结构现场实体检验报告、室内环境检测报告、节能性能检测报告、建筑设备系统节能检测报告、生活用水水质检测报告、接地、绝缘电阻测试、管道、设备强度及严密性试验、防雷检测报告、电梯安装后检测报告、电梯监督检验报告、其他检测报告等。

（2）施工试验资料应符合相关专业验收规范及施工技术标准的要求。施工试验不合格时，应有处理记录。

（3）项目材料员（试验员）根据本项目现场实际情况向检测单位提出砂浆配合比申请单、通知单、混凝土配合比申请单、通知单，确定现场砂浆及混凝土配比情况。

（4）项目技术部、质安部根据项目试块送检情况编制砌筑砂浆试块强度统计、评定记录。

① 砂浆强度按照单位工程内同类型、同强度等级的砂浆为一验收批。

② 同一验收批砂浆试块强度平均值应大于或等于设计强度等级值的 1.10 倍。

③ 同一验收批砂浆试块抗压强度的最小一组平均值应大于或等于设计强度等级值的 85％。

④ 验收批中同一类型、强度等级的砂浆试块不应少于三组，同一验收批只有一组或两组试块时，每组试块抗压强度平均值大于或等于设计强度等级值的 1.10 倍；对于建筑结构安全等级为一级或设计使用年限为 50 年及以上的房屋，同一验收批砂浆试块的数量不得少于三组。

（5）项目技术部对根据项目试块送检情况编制混凝土试块强度统计、评定记录。

① 混凝土强度应分批进行检验评定。一个检验批的混凝土应由强度等级相同、试验龄期相同、生产工艺条件和配合比基本相同的混凝土组成。

② 对大批量、连续生产混凝土的强度应按照统计方法评定。对小批量或零星生产混凝土的强度应按非统计方法评定。

（6）排水管灌水、通水试验记录。

① 开式水箱、雨水管道、暗装或直埋地下的管道应有灌水试验记录。室内排水系统竣工后，必须进行通水试验。

② 卫生器具安装后还应进行盛水试验，盛水量各种池、槽为池、槽深的 1/2；浴盆至溢水边；蹲式大便器放满。以盛水时间 24h，不漏不渗为合格。

③ 按有关规定，生活污水管道干、立管应按系统进行通球试验，试验用球的直径为管子内径的 3/4，橡皮、塑料、木球均可，从试验端投入后注水，以球顺利流出为合格。

（7）管道、设备强度、焊口检查和严密性试验记录。

① 阀门、散热器及设备在安装前，必须做强度及严密性试验。阀门试验应每批抽查 10％且不少于 1 个；如有漏、裂现象应再抽 20％，若仍不合格，则应全部试验。对安装在主干管上起截断作用的阀门，应逐个做试验。

② 压力容器按容器类别等级进行；低压容器做焊缝外观检查和水压试验；中压容器

做无损探伤抽查和水压试验；真空设备做真空严密性试验；常压容器仅做焊缝外观检查和盛水试验。

③ 各类管道系统安装完毕后，必须做强度和严密性试验。

④ 检查和试验应做好记录，并分别填写“阀门试验检查记录”“管道试压记录”“管道、设备焊接施工检查记录”。其中“管道试压记录”需经建设单位、监理单位现场代表签字认可。

（8）给水（冷、热水）、消防、采暖管道及设计有要求的管道在交工使用前应做系统冲洗试验。介质为气体的管道系统应按有关规范及设计要求做吹洗试验。

冲、吹洗试验应分段、分系统进行。给水管（冷、热水）、消防水管应用清洁水冲洗，以出水透明、清澈无沉淀为合格。生活饮用水清洗合格后还应做消毒处理。

（9）排水系统水平干管、主立管安装完毕、通水试验合格后，应100%进行通球试验，并做记录。

① 试球应采用硬质空心塑料球或体质轻、易击碎的空心球体，通球球径应不小于排水管道管径的2/3。

② 排水立管通球试验应自立管顶部将试球投入，在立管底部引出管的出口处进行检查，用水将试球从出口冲出。

③ 干管、室外排水管道通球试验：应将试球在检查管段的始端投入，通水冲至引出管末端排出。室外检查井（结合井）处需加临时网罩，以便将试球截住取出。

④ 通球试验以试球通畅无阻为合格，通球率必须达到100%。若试球不通的，要及时清理管道的堵塞，并重新试验，直到合格为止。

（10）电气设备试验、调整记录。

① 电气设备试验、调整主要包括高压电气装置及其保护系统，发电机组，蓄电池，具有自动控制系统的电机及电加热设备，各种音响、信号、监视系统；楼宇自控综合布线，消防、公用天线、电视、计算机系统等。

② 试验、调整应按系统进行。主要内容有：各个系统设备的单项安装调整试验记录、综合系统调整试验记录、设备试运转记录，大型公共建筑一、二类建筑及重要工程的全负荷试验记录，一般民用住宅工程的照明全负荷24h试验记录。

③ 单位工程的建筑电气各系统的安装调整试验记录必须按系统收集齐全归档。建设单位分包的工程由建设单位按专业收集齐全交总包单位整理归档。

（11）绝缘、接地电阻测试记录。

① 绝缘电阻测试主要包括电气设备本体的带电部分与非带电部分的绝缘电阻测试记录，动力、照明系统相与相之间、相对零、相对地及零线与地线的绝缘电阻测试记录。

② 接地电阻测试主要包括设备、系统的防雷接地、保护接地、工作接地及防静电接地的接地电阻测试记录。测试记录中应附有示意图说明。

③ 绝缘电阻的测试按电源回路决定。接地电阻的测试按接地点决定，因此，测试的项数要与图纸中的电源回路和接地点数相符，如有缺、漏，应及时补测。

④ 因测试绝缘电阻要求阻值越大越好，而测试接地电阻则要求阻值越小越好。所以，

测试记录中，电阻单位不能混用，绝缘电阻单位应用 MΩ，接地电阻单位应用 Ω。

（12）制冷系统管道试验记录。制冷系统管道试验分强度、严密性试验和工作性能试验。

① 强度、严密性试验记录包括阀门、设备及系统各方面的强度、严密性试验资料。水系统部分按暖卫施工资料要求执行。

② 工作性能试验记录包括管件及阀门清洗、单机试运转、系统吹污、真空试验、检漏试验及带负荷试运转。

（13）单位工程要进行的试验记录有：结构实体混凝土强度检验记录，结构实体钢筋保护层厚度检验记录，屋面蓄水（淋水）试验及地下室防水效果检查记录，地漏安装、卫生间、阳台、厨房地面泼水检查记录，淋浴间、卫生间、厨房等有防水要求的地面蓄水试验记录，室内净高及室内与阳台、走廊、卫生间、厨房地面高差检查记录，防水工程试水检查记录，外墙外窗淋水检查记录，通风（烟）道、垃圾道检查记录，建筑物临空处防护栏杆（板）及踏步功能检查记录，灌（满）水试验记录，强度严密性试验记录，通水试验记录，冲（吹）洗试验记录，真空试验记录，通球试验记录，补偿器安装记录，管道补偿器预拉伸（预压缩）记录，报警阀水压试验，消火栓试射记录，安全附件安装检查记录，自动喷水灭火系统联动试验记录，电气接地装置平面示意图表，电气器具通电安全检查记录，电气设备空载试运行记录，建筑物照明通电试运行记录，大型照明灯具承载试验记录，漏电开关模拟试验记录，防雷接地电阻测试记录，绝缘电阻测试记录，接闪带支架拉力测试记录，泵类设备单机试运转记录，双电源互设试验记录，疏散指示灯转换时间记录，大容量电气线路结点测温记录，低压配电电源质量测试记录，建筑物照明系统照度测试记录，信息网络、有线电视及卫星电视接收、公共广播、会议系统试运行记录，建筑设备监控、安全技术防范、火灾自动报警系统试运行记录，综合布线测试记录，光纤损耗测试记录，视频系统末端测试记录，子系统检测记录，系统试运行记录，风管及部件制作记录，风管漏光检测记录，风管漏风检测记录，现场组装除尘器、空调机漏风检测记录，各房间室内风量、温度测量记录，洁净度检测、管网风量平衡记录，空调系统试运转调试记录，空调水系统试运转调试记录，制冷系统气密性试验记录，净化空调系统检测记录，防排烟系统联合试运行记录，轿箱平层准确度测量记录，电梯层门安全装置检测记录，电梯整机功能检测记录，电梯主要功能检测记录，电梯负荷运行试验记录，电梯负荷运行试验曲线图表，电梯噪声测试记录，自动扶梯、自动人行道安全装置检测记录，自动扶梯、自动人行道整机性能、运行试验记录，各类设备单机试运转记录及系统试运转记录，其他有需要的检测、试验记录。

6.5.2.3　建筑物各子系统运行操作规程和维护保养手册

（1）供电系统操作规程和维护保养手册。

（2）给水排水系统操作规程和维护保养手册。

（3）暖通系统操作规程和维护保养手册。

（4）弱电系统操作规程和维护保养手册。

（5）消防系统操作规程和维护保养手册。

（6）电梯系统操作规程和维护保养手册。

（7）辅助设施操作规程和维护保养手册。

6.5.2.4　绿色建造效果评估材料

（1）绿色建筑验收或运营标识评价材料。

（2）绿色施工等级认定材料。

（3）碳排放计算材料。

（4）环境监测效果评估材料。

（5）其他材料。

6.5.2.5　数字化交付

（1）数字化工程质量验收文件。

（2）施工影响文件。

（3）全专业建筑信息模型。

参考文献

[1] 毛志兵．“双碳”目标下的中国建造［M］．北京：中国建筑工业出版社，2022.

[2] 全国市长研修学院系列培训教材编委会．致力于绿色发展的城乡建设 绿色建造与转型发展［R］．北京：中国建筑工业出版社，2019.

[3] 姜华．浅谈建筑师负责制在项目建设过程中的积极意义［J］．建筑工程技术与设计，2017（12）．

[4] 肖绪文，等．建筑工程绿色施工［M］．北京：中国建筑工业出版社，2013.

[5] 肖绪文．绿色建造发展报告［M］．北京：中国建筑工业出版社，2022.

[6] 陈浩．建筑垃圾源头减量策划与实施［M］．北京：中国建筑工业出版社，2022.